内蒙古自治区科技重大专项、水利科技重大专项（〔2014〕117）
引黄灌区多水源滴灌高效节水关键技术研究与示范
中国水利水电科学研究院科研专项（MK2012J10）
干旱区引黄膜下滴灌条件下的作物高效节水技术研究

资助

内蒙古河套灌区淖尔水滴灌关键技术

田德龙　徐　冰　于　健　任　杰　王明新等　著

U0389263

科学出版社

北　京

内 容 简 介

内蒙古河套灌区湖渠交错，淖尔众多，蓄水能力大，周边耕地充足，具备利用淖尔发展滴灌的基本条件。然而，淖尔具有生态、景观、旅游、渔业等多种功能，在保障这些基本功能的条件下，发挥其滴灌功能，要涉及淖尔选取、水源补给、调节、蓄水、水质处理等多个环节，问题复杂。本书对淖尔形成及分布、蓄水能力、补给排泄途径、水质状况等方面进行了分析，并提出了淖尔水源滴灌优化布局与调蓄技术、淖尔水质处理技术及田间配套综合技术，旨在为内蒙古河套灌区利用淖尔发展滴灌提供理论与技术支撑。

本书可为农业水利工程、水文水资源等领域的科研人员、大专院校的师生阅读和参考。也可供农田水利工程规划设计、生产管理和农田生态环境保护与建设的技术人员参考使用。

图书在版编目（CIP）数据

内蒙古河套灌区淖尔水滴灌关键技术 / 田德龙等著. —北京：科学出版社，2020.3

ISBN 978-7-03-064462-6

Ⅰ．①内… Ⅱ．①田… Ⅲ．①河套－灌区－滴灌－研究－内蒙古 Ⅳ．①S275.6

中国版本图书馆 CIP 数据核字（2020）第 028949 号

责任编辑：丁传标 / 责任校对：邹慧卿
责任印制：吴兆东 / 封面设计：图阅盛世

科学出版社 出版
北京东黄城根北街 16 号
邮政编码：100717
http://www.sciencep.com

北京中石油彩色印刷有限责任公司 印刷
科学出版社发行 各地新华书店经销

*

2020 年 3 月第 一 版 开本：720×1000 B5
2020 年 3 月第一次印刷 印张：11 1/4
字数：250 000

定价：129.00 元
（如有印装质量问题，我社负责调换）

《内蒙古河套灌区淖尔水滴灌关键技术》
编写组

学术顾问：于　健

编 写 组：田德龙　徐　冰　任　杰　王明新

　　　　　邬佳宾　李泽坤　汤鹏程　鹿海员

　　　　　陈　杰　侯晨丽

序

　　黄河是中华民族的母亲河。黄河流域在我国经济社会发展和生态安全方面具有十分重要的地位。黄河流域总土地面积 11.9 亿亩（1 亩≈666.7m²），约占我国国土面积的 8.3%，有大中型灌区 700 多处，有效灌溉面积 1.2 亿亩，是我国重要的产粮区。黄河流域大部分地区干旱少雨，农业生产主要依赖灌溉，农田灌溉水量占流域总用水量的 70% 以上；但流域内地表水资源量较少，农业灌溉用水效率偏低，供需水之间的矛盾日趋加剧，节水的重点在农业。开展引黄灌区多水源滴灌高效节水关键技术研究与示范，破解制约黄灌区滴灌发展关键技术难题，可以为沿黄灌区大面积发展滴灌提供科技支撑，对于保障黄河流域粮食安全生产、生态安全屏障建设，推动黄河流域高质量发展都具有重要的指导意义。

　　河套灌区位于黄河上中游内蒙古段北岸的冲积平原，引黄控制面积 1743 万亩，是亚洲最大的一首制灌区和全国三个特大型灌区之一，也是我国重要的商品粮、油生产基地。河套灌区地处我国干旱的西北高原，降雨量少、蒸发量大，属于没有引水灌溉便没有农业的地区，河套灌区年引黄水量约 50 亿 m³，占黄河过境水量的 1/7。针对我国黄灌区开展滴灌受水源保障程度低、泥沙过滤难度大、易形成盐分积累等制约的重大难题，内蒙古自治区水利科学研究院牵头，与国内高等院校和科研院所强强联合，协作攻关，以黄河流域灌溉面积最大的河套灌区为研究基地，开展了引黄灌区多水源滴灌高效节水关键技术研究与示范，通过 6 年深入系统的研究，在滴灌多水源调控理论、关键技术、产品与装备、集成技术模式等方面取得了一批创新性成果，这些成果在多个地方得到推广应用，藉此编写完成系列专著，希望有更多同仁了解项目研究成果，从中受益。

2019 年 11 月 22 日于北京

前　言

内蒙古河套灌区是亚洲最大的一首制灌区和我国重要的粮油生产基地。河套灌区东西长 250 km，南北宽 50 km 左右，总灌溉面积 861 万亩（1 亩≈666.7m²），灌区灌水渠系共设 7 级，即总干、干、分干、支、斗、农、毛渠，现有总干渠 1 条、干渠 13 条、分干渠 48 条、支渠 339 条，斗、农、毛渠共 85522 条。排水系统与灌水系统相对应，亦设有 7 级，现有总排干沟 1 条、干沟 12 条、分干沟 59 条、支沟 297 条，斗、农、毛沟共 17322 条。灌区现有各类灌排建筑物 13.25 万座，多年平均引黄水量 45 亿 m³。

内蒙古河套灌区处于干旱、半干旱区，水资源匮乏，农业用水效率低、工农业生态用水矛盾日趋加剧等问题尤为突出，严重制约经济社会发展，同时也使农业灌溉面临更严峻挑战。如何解决河套灌区供水保证率低突出难题，实现滴灌规模化发展是面临的主要问题。采用多水源（直接引黄、井渠结合、淖尔水）联合调控的方式，研发河套灌区滴灌高效节水关键技术，是破解制约黄灌区滴灌发展技术难题的关键。黄河冲积层在长期风蚀作用下形成的风蚀洼地及黄河改道时冲积洼地、古河道等经洪水排泄、地下水潜水补给、灌溉排水补给后形成了众多淖尔（天然湖泊）。内蒙古河套灌区单个面积大于 50 亩（3.33hm²）的淖尔数量为 321～494 个，平均数量 401 个，与沟渠交错分布，每年通过灌溉退水、直接引黄或利用分凌水对淖尔进行补给。

淖尔能够蓄水调蓄，减少了修建蓄水池的占地及工程投资，具备利用其调蓄能力进行滴灌的优势。然而，淖尔具有生态、景观、旅游、渔业等多种功能，在保障这些基本功能发生作用的前提下，发挥其滴灌功能，要涉及淖尔选取、水源补给、调节、蓄水、水质处理等多个环节，问题复杂。2013 年起，依托内蒙古自治区科技重大专项、内蒙古自治区水利科技重大专项"引黄灌区多水源滴灌高效节水关键技术研究与示范"课题"河套灌区淖尔水资源开发与可持续利用技术研究示范"（〔2014〕117-01）、中国水利水电科学研究院科研专项"干旱区引黄膜下滴灌条件下的作物高效节水技术研究"（MK2012J10）等项目，采取调查、试验研究、理论分析、示范相结合的方法，在磴口县、临河区、五原县围绕淖尔水滴灌关键技术开展了深入研究与示范，摸清了河套灌区滴灌淖尔分布状况、水质状况及蓄水量；揭示了河套灌区滴灌淖尔现状补排关系；提出了河套灌区淖尔水净化过滤技术、淖尔水滴灌优化布局与调蓄技术、干旱沙区作物滴灌及田间配套技术；分析了淖尔水发展滴灌对环境的影响及效益，旨在为内蒙古河套灌区利用淖尔发展滴灌提供理论与技术支撑。为河套灌区采用多水源（直接引黄、井渠结合、淖尔水）规模化发展滴灌提供技术支撑。

本书由田德龙、徐冰、于健、任杰、王明新、邬佳宾、李泽坤、汤鹏程、鹿海员、陈杰、侯晨丽等撰写，共 8 章。第 1 章由田德龙、于健、徐冰撰写；第 2 章由田德龙、邬佳宾、鹿海员撰写；第 3 章由田德龙、王明新、鹿海员撰写；第 4 章由田德龙、徐冰、李泽坤、侯晨丽撰写；第 5 章由徐冰、王明新、李泽坤、陈杰撰写；第 6 章由任杰、李泽坤、汤鹏程、侯晨丽撰写；第 7 章由任杰、汤鹏程撰写；第 8 章由田德龙、于健、徐冰撰写。田德龙、徐冰、于健负责全书统稿和校核。

本书的出版由水利部牧区水利科学研究所专著出版基金资助。本书系统总结了有关淖尔水滴灌关键技术近 6 年来的研究成果。在本书撰写过程中参考、借鉴了相关专家学者的有关著作、论文，并得到了水利部牧区水利科学研究所李和平教授级高级工程师、郭克贞教授级高级工程师，武汉大学杨金忠教授，中国农业大学杨培岭教授，内蒙古农业大学屈忠义教授，内蒙古河套灌区管理总局刘永河教高等的热心指导，再次深表谢意。

由于研究者水平有限，相关问题研究有待进一步深化和完善，书中不妥之处再所难免，恳请读者批评指正。

作　者

2019 年 9 月

目　　录

第1章 绪 论

1.1 黄河流域农业灌溉面临的挑战

黄河流域占我国国土面积的 8.3%。涉及内蒙古黄河灌区、宁夏引黄灌区、汾河灌区等七大灌区，农田有效灌溉面积 1.2 亿亩（占全国的 13.2%），粮食总产量占全国的 13%左右，黄河流域以及相关地区是我国农业经济开发的重点地区，流域内 140 个县列入全国产粮大县的主产县，也是我国主要畜牧业基地。黄河流域能源资源非常丰富，国家规划建设的五大重点能源基地中，有 3 个位于黄河流域，能源、原材料供应在全国占有主导地位。黄河流域已成为我国西北、华北地区重要的生态安全保护屏障，其流域内有国家重点生态功能区 12 个，国家"两屏三带"生态安全战略布局中，青藏高原生态屏障、黄土高原-川滇生态屏障、北方防沙带等均位于或穿越黄河流域。内蒙古黄河流域位于黄河中上游，GDP 约占内蒙古总量的 50%，工业总产值占内蒙古的 55%，农业总产值占内蒙古的 31%，粮食产量占内蒙古总产量的 28%，大小牲畜占内蒙古牲畜总头数的 31%，黄河流域含煤面积约占全国的 1/6。因此，黄河灌区在内蒙古，以及我国经济社会发展中占有不可替代的战略地位与作用。

然而，黄河流域大部分地区处于干旱、半干旱区，水资源匮乏，多年平均河川径流量仅 580 亿 m^3，只占全国总量的 2%。农业用水效率低、工农业生态用水矛盾日趋加剧等问题尤为突出，严重制约黄河流域经济社会发展，同时也使得农业灌溉面临更严峻的挑战。一是如何解决黄河灌区供水保证率低的突出难题，受引水量减少及轮灌影响，来水间隔时间普遍比较长，造成作物生育期持续缺水，特别在需水高峰期缺水更为严重，灌区内一半以上中低产田是因缺水干旱造成的，由于农民用水得不到保证，导致灌区灌水效率不断降低，农作物减产与品质下降，农民收益低且不稳。二是如何保证种植结构调整，促进农业供给侧结构改革，由于黄河灌区供水保证率低，种植结构单一化趋势明显，大多黄灌区以种植向日葵及玉米为主，有些地区种植比例高达 80%，而优势作物及经济作物种植比例明显偏低。由于种植结构单一，受作物价格不稳定影响，农民增产不增收现象突出，实现节水提质增效是促进农业供给测结构改革的重要途径。三是如何大幅降低化肥用量，降低农业面源污染，黄灌区化肥用量普遍大，氮肥利用率只有 30%，每年有大量氮肥进入地下水或随退水进入灌区内湖泊，造成水质富营养化，同时过量施用化肥，造成土壤质量与作物品质下降，国家提出到 2020 年化肥农药施用量零增长目标，有效减少施肥量及农药用量，转变生产方式、降低农资成本，是新时期农业发展至关重要的任务。四是如何解决制约田间水分效率关键问题——土壤入渗率低，沿黄灌区土壤有机质含量普遍较低（低于 1%）、pH 比较高、钠离子（ESP 值）含量大，土壤结构普遍较差，大水漫灌后的土壤容易产生板结，土壤入渗率与透气性明显减低，土壤表层温度下降，作物生长速度减缓，田间水分利用率降低，而且土壤结构变差趋势进一步明显。

面对上述诸多挑战，引黄灌区必须大力发展高效节水技术，显著提高水肥利用率，大幅度节约农业灌溉用水与化肥用量，有效缓解水资源供需矛盾与改善农业生态环境，促进农业种植结构调整。本书以内蒙古河套灌区为典型研究区，将淖尔作为滴灌水源，历时 6 年多开展了引黄灌区（河套灌区）淖尔水滴灌关键技术研究与示范。河套灌区有许多淖尔，分布范围比较广，每年通过灌溉退水、直接引黄或利用分凌水对淖尔进行补给，在淖尔周边一定范围内发展滴灌，可以高效利用淖尔的水资源，解决过滤及水量调蓄问题。为引黄灌区采用多水源（直接引黄、井渠结合、淖尔水）大面积发展滴灌提供技术支撑。

1.2　淖尔补水基本条件及相关研究

内蒙古河套灌区灌水渠系、排水系统纵横交错分布，均设有 7 级，即总干（总排干沟）、干（干沟）、分干（分干沟）、支（支沟）、斗（斗沟）、农（农沟）和毛渠（毛沟），灌区现有各类灌排建筑物 13.25 万座。滴灌淖尔附近多分布引水渠道，淖尔补水具备了基本条件。发达的灌排系统为淖尔与黄河灌溉水间实现水系连通提供了便利的条件，基于引黄灌区水资源不足的现实，与全国提倡的生态修复理念融合，充分利用已有的水利工程为淖尔发展滴灌创造有利条件和发展空间。构建布局合理、功能完备、工程优化、保障有力的河湖水系连通格局，淖尔的开发利用使引黄灌区水资源统筹调配能力、湖泊治理能力、水环境生态修复能力、供水安全保障能力等都得到明显提高。

河湖水系连通本质是增强河湖的水力联系、维护良好的水循环关系，包括河河连通、河湖相连、河库连通、湖库连通和库库连通，也包括江河湖库与城市、湿地、灌区的连通。我国在春秋战国时期就以发展军事和航运为主要目标修建了邗沟和灵渠工程，后来又相继修建了都江堰、京杭大运河等连通工程，这些工程对促进灌溉供水、航运发展等方面起到了举足轻重的作用，是社会进步和发展的重要标志。在国外，古埃及2400多年前就兴建了许多为解决农业灌溉问题的水系连通工程。随着社会的进步发展，水系连通工程功能越来越综合，涉及领域越来越广泛，如航运、农业灌溉、供水、引水、湖泊治理、生态修复等方面。

水系连通之所以在生态综合治理大背景下被大家重视，主要是因为其是治水的重要措施之一。我国很早就通过开挖新河治理江河，进行分洪减峰。战国中期，人们通过分洪道将岷江水的一部分汇入沱江并最终在泸县汇入长江，以减少洪水对成都平原的侵害；京杭运河上开挖减河，形成河海连通、分流入海；汉朝开辟新河和利用沿河洼地分水分沙、引水引沙放淤等措施治理黄河；通过开凿河道将荆江河段水引入洞庭湖解决了武汉及其下游平原地区的人们常年因洪水带来的危害问题。2000年前后海河流域进行了规划连通，使海河流域不用再将洪水集中于天津入海，减轻了天津承载海河流域的洪水压力，实现了海河流域的大规模治理。太湖流域开凿了80多条水系贯通的河湖水系工程，望虞河工程使洪水向北排入长江，太浦河工程向东流入黄浦江，杭嘉湖平原工程向南汇入杭州湾。水系连通工程提高了流域的分洪、泄洪能力，使江河湖海的连通性得到提高。国外，早期江河治理连通水系工程有1931年的美国密西西比河下游防洪工程，1974年以防洪为目的的奥地利维也纳市政工程，1976年为解决水资源分布不均的伊拉克塞尔萨尔调水工程，还有琼莱调水工程等。密西西比河是美国最大的河流，防洪问题突出，美国在密西西比河上修建了干流堤防3540 km，支流堤防4000余千米，以及新马德里等分洪工程多处。

随着社会经济的发展，我国江河湖泊逐渐呈现出生态污染，水资源承载不足，水资源分配不均等问题。近年来，山水林田湖草生态综合治理成为国家重大战略，绿水青山就是金山银山，一些重要河口、湖泊和湿地的生态治理、修复问题得到了国家高度的重视，开始了一系列以水环境生态修复为目的的水系连通工程。长江以南主要针对河湖水系生态系统，以及减轻水利工程对洄游类动物影响修建的引江济太、珠江压咸补淡等工程。北部地区由于水资源量少，则将河流湖泊以及湿地等水域生态系统的基本用水量作为主要关注点，如塔里木河下游生态应急输水、石羊河流域2001年综合治理、南四湖2003年生态应急补水等。从2000年5月至2010年10月，水利部先后组织实施了11次向塔里木河下游生态应急输水，将博斯腾湖水和塔里木河干流上游来水，通过人工措施调度向塔里木河下游进行生态补水，其中有7次将水输送到了尾闾台特玛湖。生态输水使塔里木河下游"绿色走廊"的天然植被得到有效灌溉，塔里木河下游生态环境得到显著改善。随着对水环境生态治理河湖连通水系工程的重视程度提高，在前辈们一次又一次的实践中，河湖水系还兼顾了防洪、供水等其他功能，发挥了更大的综合效益。近年来，许多城市纷纷为改善城市供水条件、改善城市水体环境、提升城市幸福指数，加快了城市内部的河湖水系治理和生态水系网的建设步伐，形成以城市为核心并辐射周边地区的生态水网，如西湖的水质从 2000 年开始急速下降，通过 2007 年的生态治理保护工程使西湖水质得到保障；2009 年武汉大东湖生态水网和 2010 年郑州市生态水系工程也都成为整治生态水环境的模范工程。美国、法国等城市早在 19 世纪就已经意识到通过连通河湖水系来改善生态、修复环境，如著名的美国芝加哥调水工程和法国塞纳河治理工程等。近几年随着人们对生态保护意识的提高，越来越多的生态水系治理工程呈现在我们眼前，如韩国的治理清溪川工程、德国的巴伐利亚州工程、莱茵河的生态治理工程和泰晤士河治理工程等。

1.3　研究内容与技术路线

针对利用淖尔水发展滴灌中需解决的关键技术问题，设置以下研究内容：河套灌区滴灌淖尔分布及蓄水量；河套灌区滴灌淖尔现状补排关系；河套灌区淖尔水质状况及净化过滤技术；河套灌区淖尔水滴灌优化布局与调蓄技术；干旱沙区作物滴灌及田间配套技术；淖尔水滴灌环境影响预测及效益分析。

针对引黄灌区淖尔水滴灌规模化发展面临的水源保障问题、低成本过滤净化问题、滴灌后引发的水盐变化问题、节水增效技术集成问题等开展攻关，依托试模拟、中试放大与示范推广相结合实施策略。结合灌区运行管理实践，针对淖尔水的水资源和周边耕地分布特点，在分析淖尔水滴灌水资源保障能力的基础上，确定了淖尔水滴灌的发展分区和节约的引黄水量。利用理论创新、关键技术攻关等手段，结合现有成熟技术模式，提出初步的集成技术，经规模化示范检验后不断修正完善，形成适合淖尔水源特点的关键技术。主要技术路线如图 1-1 所示。

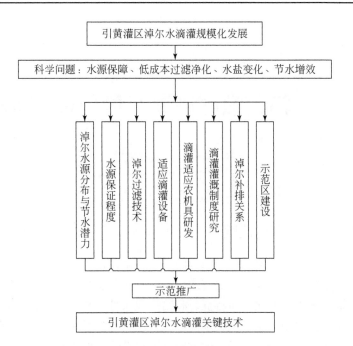

图 1-1 主要技术路线

第2章　河套灌区滴灌淖尔分布及蓄水量

2.1　研　究　方　法

2.1.1　资料系列的选取

本书将利用遥感和实地调查相结合的方法，确定淖尔面积、数量、蓄水量，以及分布范围的年际、年内变化情况。通过对影响淖尔变化及分布的影响因素（蓄水能力、水文地质条件、变化分布特征、补给排泄条件、耕地资源状况）分析确定滴灌淖尔。通过实测典型淖尔面积、水深，拟合淖尔水深面积关系，结合遥感影像解译数据，确定滴灌淖尔的蓄水量。通过对滴灌典型淖尔监测数据进行分析得到补给排泄项计算参数，依据水量平衡方法计算河套灌区滴灌淖尔补给排泄项及数量。

2.1.2　遥感解译过程

遥感解译共分为数据源获取、影像预处理、淖尔信息提取、精度验证等过程。本书共收集获取了 2 种遥感数据源，选择了 Landsat5（2008～2011 年）HJ-AB（2012年）和 Landsat8（2013～2016 年）卫星影像数据。通过大气校正、几何精校正、标准假彩色合成、研究区裁剪和投影转换等进行了影像预处理。其中大气校正采用了 ENVI5.3 软件的 FLAASH 大气校正模块，消除了大气对遥感影像的影响。几何精校正主要以 OLI 影像为底图，校正了 TM5 和 HJ-AB 等影像，精度保持在 1个像元之内。随后进行了标准假彩色合成。整个河套灌区共需要 6 景影像，因此进行了镶嵌后获得了整个灌区的影像，再以河套灌区的范围裁剪获得河套灌区范围内的影像。最后把投影统一转换为正轴等积割圆锥投影。

因河套灌区湖泊内水草较多，计算机分类精度较低，因此主要采用了人工目视解译方法，获取了湖泊逐年面积和空间分布信息。为了验证解译数据的质量，采用了 2014 年的高分辨率数据作为底图，随机获取了 29 个湖泊的矢量数据，并以 2014 年的 OLI 数据为例，作为底图获取的矢量数据进行了比较分析，对两组数据进行相关性分析后得知，在 0.01 水平（双侧）上显著相关，相关系数达到 0.979，说明解译数据的质量能够满足本书的精度需求。详见表 2-1、表 2-2。

表 2-1　验证数据对比表　　　　　　　　　（单位：m^2）

序号	解译面积	实际面积	差距
1	761902	866979	105077
2	641977	696507	54530
3	712760	1113392	400632
4	528516	610627	82111
5	237719	358013	120294
6	467746	537866	70120
7	386814	349204	−37610
8	887492	1079781	192289
9	122320	180012	57692
10	189454	216762	27308
11	323397	386360	62963
12	1897547	2578470	680923
13	2737533	2835718	98185
14	1767841	1654188	−113653
15	2531367	2106477	−424890
16	1875158	2035588	160430
17	1379668	1620459	240791
18	1390903	1500969	110066
19	1090860	1250663	159803
20	1601669	1476380	−125289
21	1441437	1511214	69777
22	1186879	1117007	−69872
23	1286981	1107327	−179654
24	1036683	1093642	56959
25	797947	808839	10892
26	579897	619793	39896
27	587538	501282	−86256
28	4362910	4445961	83051
29	392894	398696	5802

注：从高分辨率影像获取的数据记为淖尔实际面积。

表 2-2　相关分析结果

		解译面积	实际面积
解译面积	Pearson 相关性	1	0.979**
	显著性（双侧）		0.000
	N	29	29
实际面积	Pearson 相关性	0.979**	1
	显著性（双侧）	0.000	
	N	29	29

** 在 0.01 水平（双侧）上显著相关。

2.2 淖尔的形成

2.2.1 淖尔形成的基本条件

巴彦淖尔蒙古语意为"富饶的湖泊"。在远古时期河套灌区曾是一片汪洋,历经多次复杂的地质构造运动和海陆变迁,最终形成了北部高原,中部山地、丘陵,南部平原的地形地貌。河套平原自中新生代以来形成了以湖相为主的沉积层。河套平原长期下沉以及封闭的构造条件,形成低缓平坦的地形,为河套平原大量淖尔的存在提供了必要的地质条件。因黄河在河套平原多次改道,境内古河道、天然壕沟、冲积低洼地众多,蓄水后形成淖尔;河套灌区地处干燥地区,灌区西南部与乌兰布和沙漠相接,强大的风蚀形成众多风蚀洼地,蓄水后亦可形成淖尔。经过多年建设,河套灌区已建成总干、干、分干、支、斗、农、毛渠共 7 级灌水渠系,毛渠共 85522条。总排干沟 1 条,全长 260km;干沟 12 条,全长 503km;分干沟 59 条,支沟 297条,斗、农、毛沟共 17322 条。大量的引黄灌溉造成区域地下水埋深浅,受地下水侧渗补给,同时承接降水、排水、分洪水、分凌水等补水后,在灌区低洼处形成天然湖泊(淖尔)。受独特的水文地质条件和农业灌溉方式的影响,河套灌区形成了区域淖尔富集、湖渠交错的独特景象。根据淖尔成因,其类型主要分为以下两类。

2.2.2 风蚀作用形成的淖尔

该类淖尔多分布于乌兰布和沙漠中。沙漠中的沙丘,有流动的,也有半固定的,众多沙丘逐渐流动,形成沙丘链,沙丘链和沙丘链之间,形成链间的风蚀盆地或洼地,这些沙丘间的盆地或洼地由降水、灌溉水或地下水补给,便形成淖尔。由于该类淖尔地势较低,底部和侧部多为黏土隔水层,通过侧部黏土隔水层以上的地表粉砂土透水层可不断承接地下水侧渗补给(降水、渠系渗漏、田间灌溉导致),能够持续蓄水、季节性和年际变化较小。

2.2.3 黄河变迁形成的淖尔

河套灌区大部分淖尔的形成与黄河历史变迁有关系,由于黄河多次改道,形成许多废弃河床牛轭湖、碟形洼地、串珠状淖尔等,如三湖河、乌梁素海。该类淖尔多位于灌区中下游。由于黄河多次改道迂回冲积,在表层广泛分布以泛流相为主的冲积层和冲湖积层,在岩性上除少部以砂层为主外,大部分地区为一定厚度的黏土质堆积物,因黏土层的不透水性,经灌溉或地下水的补给,在地势低洼处形成持续蓄水的淖尔。另一部分淖尔主要位于黄河古河道和废弃河床处,多与浅层地下水位连通,形成和发展主要与蒸发、渠系渗漏、灌溉排水等有关，季节性和年际变化较大。

2.3　淖尔时空分布及影响因素分析

2.3.1　淖尔数量分布

根据 2010～2016 年夏季遥感数据，河套灌区单个面积大于 50 亩（3.33hm^2）的淖尔数量为 321～494 个，平均数量 401 个（表 2-3）。数量较多的年份集中于 2012～2014 年，其中 2013 年数量最多为 494 个。就空间分布而言，磴口县淖尔平均数量最多，为 180 个；五原县第二，为 79 个；临河区第三，为 63 个；其后依次为杭锦后旗 44 个，乌拉特前旗 19 个（不含乌梁素海），乌拉特中旗（不包括牧羊海）14 个（图 2-1）。其中，磴口县淖尔分布较广，五原县淖尔主要分布在西北部，临河区淖尔主要分布在南部，乌拉特中旗、乌拉特前旗、杭锦后旗淖尔呈零星分布（图 2-2～图 2-8）。

表 2-3　2010～2016 年夏季河套灌区淖尔数量　　　　　（单位：个）

旗县名	2010 年	2011 年	2012 年	2013 年	2014 年	2015 年	2016 年	平均
磴口县	115	105	267	268	165	216	127	180
杭锦后旗	33	43	57	46	44	40	46	44
临河区	60	78	55	62	58	71	60	63
五原县	81	72	74	79	114	66	68	79
乌拉特中旗	11	7	17	17	31	11	7	14
乌拉特前旗	26	16	15	22	25	15	14	19
合计	326	321	485	494	437	419	322	401

注：面积大于 50 亩（3.33hm^2），不包括乌梁素海、牧羊海。

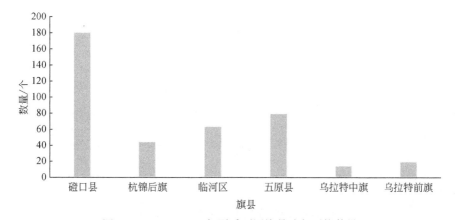

图 2-1　2010～2016 年夏季不同旗县淖尔平均数量

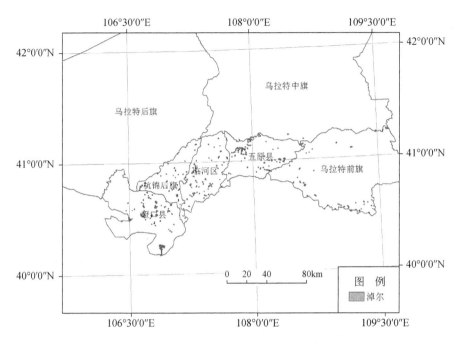

图 2-2　2010 年夏季河套灌区淖尔分布图

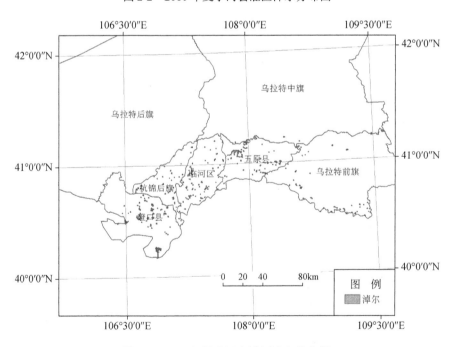

图 2-3　2011 年夏季河套灌区淖尔分布图

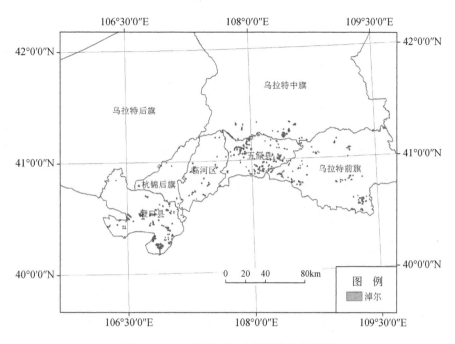

图 2-4　2012 年夏季河套灌区淖尔分布图

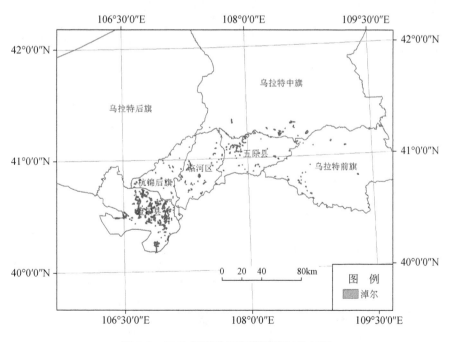

图 2-5　2013 年夏季河套灌区淖尔分布图

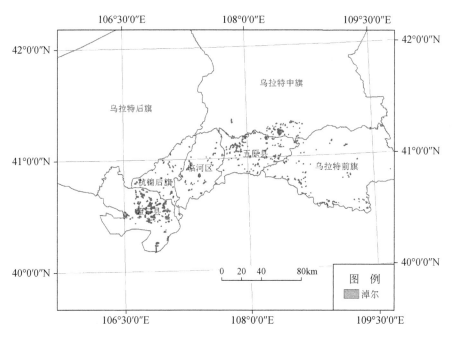

图 2-6　2014 年夏季河套灌区淖尔分布图

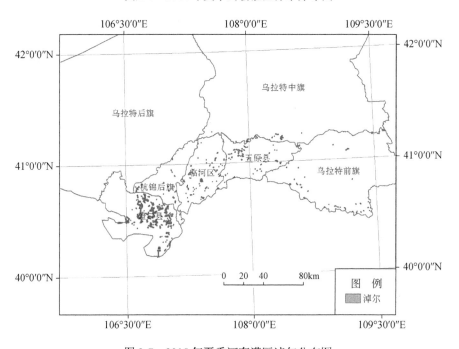

图 2-7　2015 年夏季河套灌区淖尔分布图

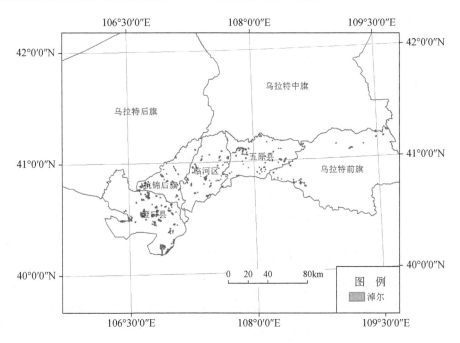

图 2-8 2016 年夏季河套灌区淖尔分布图

2.3.2 淖尔水面面积分布

根据遥感解译，2010～2016 年夏季单个面积大于 50 亩的淖尔水面总面积在 94.22～190.13km²。2010～2011 年水面面积较小，2012 年水面面积最大为 190.13km²（表 2-4），其后有所减少但变化相对平稳。就空间分布而言（图 2-9），磴口县淖尔面积最大，平均 88.96km²；五原县第二，为 13.54km²；临河区第三，为 12.12km²；其后依次为杭锦后旗 9.52km²，乌拉特前旗 3.95km²（不含乌梁素海），乌拉特中旗 2.91km²（不含牧羊海）。

表 2-4 2010～2016 年夏季河套灌区淖尔水面面积 （单位：km²）

旗县名	2010 年	2012 年	2013 年	2014 年	2015 年	2016 年	平均
磴口县	57.51	129.36	101.99	93.99	95.54	83.64	88.96
杭锦后旗	8.14	18.83	8.84	6.79	8.76	8.76	9.52
临河区	8.70	14.63	12.23	11.98	12.68	14.37	12.12
五原县	13.51	16.86	13.04	17.06	9.84	10.21	13.54
乌拉特中旗	2.72	3.63	3.63	4.35	1.68	2.55	2.91
乌拉特前旗	3.64	6.82	3.83	4.12	2.27	3.61	3.95
合计	94.22	190.13	143.56	138.27	130.77	123.13	131.01

注：面积大于 50 亩（3.33hm²），不包括乌梁素海、牧羊海。

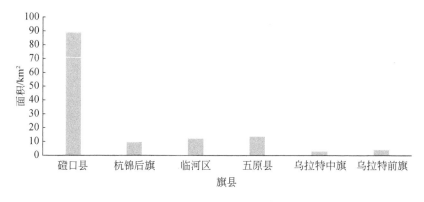

图 2-9 2010～2016 年夏季不同旗县淖尔水面平均面积

2.3.3 淖尔时空分布特征及影响因素

1. 淖尔的空间分布特征及影响因素

根据河套灌区淖尔分布状况，磴口县淖尔平均数量最多、面积最大，平均数量占全灌区的 45%，平均面积占全灌区的 68%；五原县淖尔平均数量占全灌区的 20%，平均面积占全灌区的 10%；其他旗县依次为临河、杭锦后旗、乌拉特前旗；乌拉特中旗淖尔数量最少、面积最小，平均数量占全灌区的 3%，平均面积占全灌区的 2%；这与淖尔形成的基本条件和灌区的生产特性关系密切。磴口县多处于乌兰布和沙漠中，风蚀盆地或洼地较多，底部土层透水性差，且地势较低，具备形成淖尔良好的地质条件。磴口县处于灌区上游，引黄水量和地下水资源相对丰富，过境的黄河水也能对区域地下水进行补给，因此造成该地区淖尔富集的景象。五原县、临河区、杭锦后旗多分布黄河变迁前主河道或废弃河床，这些地区地势低洼且多与地下水连通，灌溉水、渠系渗漏水、灌溉排水直接补给或通过地下水间接补给后形成淖尔较广泛分布的景象。乌拉特前旗地处灌区下游，乌梁素海承接了大部分灌区排水，补给源的缺少导致该区淖尔分布较少。乌拉特中旗仅少量地区处于黄灌区内，缺少形成淖尔的地质和水文条件，因此淖尔分布最少。

2. 淖尔的时间分布特征及影响因素

分别对各旗县 2010～2016 年淖尔夏季面积进行线性趋势性分析，以回归方程的斜率判断淖尔面积年际间的趋势变化。其中，方程斜率为正表明淖尔面积增加趋势；斜率为负表明淖尔面积减少趋势；斜率趋近于 0 表明淖尔面积变化幅度不大。计算表明，全灌区及各旗县淖尔面积线性回归方程斜率分别为：磴口 4.024、杭锦后旗-0.205、临河 0.686、五原-0.662、乌拉特中旗-0.001、乌拉特前旗-0.179、河套灌区 3.661。由此判断磴口县 2010～2016 年淖尔面积总体呈现增加趋势且波动相对较大；临河区淖尔面积呈现增加趋势但波动相对较小；杭锦后旗、五原、乌拉特中旗、乌拉特前旗的淖尔面积总体呈现减少的趋势，但五原县波动较大，其他地区相对较小。就水面面积变幅而言，磴口县在 57.51～129.36km²，变幅（最大最小差值占最大值比例）达到 56%；杭锦后旗在 6.54～18.83km²，变幅达到 65%；临河在 8.7～14.63km²，变幅达到 41%；五原县在 9.84～17.06km²，变幅达到 42%；乌拉特中旗在 1.68～4.35km²，变幅达到 61%；乌拉特前旗在 2.27～6.82km²，变幅达到 67%；除临河外，各个地区淖尔水面变幅均超过 50%，淖尔水面年际间呈现出不稳定状态（图 2-10）。2010 年夏季（8 月）至 2011 年夏季（7 月）间降水量（104mm）与 2011 年夏季至 2016 年夏季各阶段（236mm、152.2mm、187.3mm、163.1mm、139.8mm）相比最小，蒸发最大（蒸发 2096.47mm，其他阶段蒸发分别为：1941.96mm、1970.47mm、1937.4mm、1958.77mm、2085.74mm），导致此间降水补给较小，蒸发损失较大，但 2010 年（面积 94.22km²）、2011 年（面积 96.95km²）夏季淖尔面积相差较小，主要是因为除降水补给外，其他补给（地下水的侧渗补给、灌溉退水、分凌水补给等）较大导致总补给量大于总排泄量（总补给量 14736 万 m³、总排泄量 11724 万 m³）维持了淖尔面积的稳定及存在。根据调查，2012 年夏季河套灌区发生特大洪涝灾害且承担黄河干流分洪（分洪量 7 亿 m³）任务导致淖尔补给量（35531 万 m³）远大于排泄量（15105 万 m³），因而 2012 年夏季淖尔面积、水量急剧扩张并伴随许多临时性淖尔出现，致使淖尔整体面积急剧增加达到峰值（190.13km²）。2013 年夏季至 2016 年夏季年际间降水（187.3mm、163.1mm、139.8mm）逐渐降低、蒸发（1937.4mm、1958.77mm、2085.74mm）逐渐增大；另外，2012 年洪涝灾害造成淖尔面积及水量急剧增加，蒸发损失量（2013 年夏季至 2016 年夏季分别为 12447 万 m³、12365 万 m³、12852 万 m³）、渗漏量（2013 年夏季至 2016 年夏季分别为 3725 万 m³、3209 万 m³、2738 万 m³）较 2010 年夏季至 2011 年夏季间大（蒸发 10075 万 m³、渗漏 1648 万 m³），因而排泄总量（16172 万 m³、15575 万 m³、15590 万 m³）大于补给总量（11315 万 m³、14083 万 m³、11820 万 m³），导致淖尔水面逐渐减少（表 2-5）。河套灌区淖尔主要补给排泄途径为蒸发、渗漏、降水、径流、侧渗、分洪分凌等，这些自然与人为因素共同作用导致河套灌区淖尔水面和数量变化呈现出一定的不稳定性，这给利用其进行滴灌带来一定困难。由于滴灌对水源的保证率（灌溉保证率不低于 85%）要求较高，适宜滴灌淖尔至少要具备能够持续蓄水、能够及时补水这两个基本条件，蓄水和补水能力差的淖尔（表现为水面面积变化剧烈）不具备开发利用潜力。因此，从全灌区所有淖尔中筛选出适宜滴灌的淖尔成为关键。

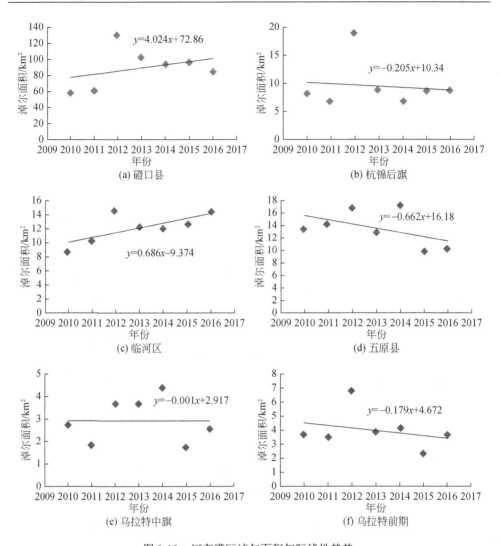

图 2-10 河套灌区淖尔面积年际线性趋势

表 2-5 2010～2016 年河套灌区全部淖尔的补给排泄量 （单位：万 m³）

年份	蓄水量		蒸发损失水量	渗漏损失水量	降水补给量	排泄总量	补给总量
	夏季	次年夏季					
2010	11336	14348	10075	1648	994	11724	14736
2011	14348	34774	12015	3089	3388	15105	35531
2012	34774	27118	15626	5486	2539	21112	13456
2013	27118	22261	12447	3725	2639	16172	11315

续表

年份	蓄水量		蒸发损失水量	渗漏损失水量	降水补给量	排泄总量	补给总量
	夏季	次年夏季					
2014	22261	20769	12365	3209	2194	15575	14083
2015	20769	16999	12852	2738	1775	15590	11820

2.4 滴灌淖尔的选取及其分布特征分析

根据河套灌区淖尔的形成特点，风蚀作用形成的淖尔集中分布于磴口县乌兰布和沙漠地势较低低洼处。沙漠中的沙丘，有流动的，也有半固定的，众多沙丘逐渐流动，形成沙丘链，沙丘链和沙丘链之间，形成链间的风蚀盆地或洼地，这些沙丘间的盆地或洼地由降水、灌溉水或地下水补给，便形成淖尔。由于该类淖尔地势较低，底部和侧部多为黏土隔水层，通过地表粉砂土透水层可不断承接地下水侧渗补给（降水、渠系渗漏、田间灌溉导致），因此年际变化相对较小，此部分淖尔可作为滴灌水源进行开发利用。

黄河变迁形成的淖尔与黄河历史变迁有关系，该类淖尔多位于灌区中下游偏南的平原地带。由于黄河多次改道迂回冲积，在表层广泛分布以泛流相为主的冲积层和冲湖积层，在岩性上除少量以砂层为主外，大部分地区为一定厚度的黏土质堆积物，因黏土层的不透水性，经灌溉或地下水的补给，在地势低洼处形成持续蓄水的淖尔，此部分淖尔可作为滴灌水源进行开发利用。另一部分淖尔主要位于黄河古河道和废弃河床处，多与浅层地下水位连通，多为地下水在地表地势低洼处的出露，形成和发展主要与蒸发、渠系渗漏、灌溉排水等有关，由于补给来源及补给量的不确定性，导致该类淖尔季节性和年际变化较大，不宜作为滴灌水源进行开发。

因此，滴灌淖尔的选取在综合考虑淖尔形成和发展特点、补排关系的稳定性、补水损失最小及滴灌对淖尔水量和调蓄能力的要求，结合灌区 2008 年开始有序利用分洪分凌对淖尔进行补水的实际，选取近期（2008～2016 年）能够持续蓄水、年际及季节面积变化小（夏季与春季变化小于 20%）、靠近支渠及以上渠到附近、周边耕地充足且水面面积大于 50 亩（3.33hm^2）淖尔进行研究，分析其发展滴灌的可行性。根据遥感解译并经实地验证，河套灌区该类淖尔共 98 个，磴口县 50 个、五原 25 个、杭锦后旗 11 个、乌拉特前旗 6 个、临河 4 个、乌拉特中旗 2 个。线性趋势分析表明（图 2-11、图 2-12），2008～2016 年各旗县春季滴灌淖尔面积线性回归方程斜率分别为：磴口 3.583、杭锦后旗-0.188、临河 0.186、五原-0.521、乌拉特中旗-0.04、乌拉特前旗 0.008，2000～2016 年各旗县夏季滴灌淖尔面积线性回归方程斜率分别为：磴口 2.563、杭锦后旗-0.075、临河 0.085、五原-0.308、乌拉特中旗-0.031、乌拉特前旗-0.01。除磴口县外（水面面积总体呈现增加趋势，蓄水量增加，对滴灌有利），其他各旗县滴灌淖尔水面面积线性回归方程斜率接近 0，说明波动较小。2012 年夏季河套灌区洪水导致淖尔水面急剧增加，因此将其分为 3 个阶段，分别为 2000～2008 年夏季、2008～2011 年夏季、2013～2016 年夏季（表 2-6、表 2-7）。其中，2000～2006 年夏季面积为 70.78～84.43km^2，变幅为 19%，年均变化率为 3%；2008～2011 年夏季面积为 71.79～77.07km^2，变幅为 7%，年均变化率为 2%；分析 2013～2016 年夏季面积为 88.24～100.07km^2，变幅为 13%，年均变化率为 4%；2008～2011 年相对于其他两个阶段变化稳定。2008～2016 年对春季淖尔水面进行了遥感解译。2012 年夏季河套灌区洪水导致淖尔水面急剧增加，2013 年春季淖尔面积较大，将其分为两个阶段，分别为 2008～2012 年春季、2014～2016 年春季。结果表明，2008～2012 年春季（3 月）面积为 86.45～92.16km^2，变幅为 7%，年均变化率为 2%；2014～2016 年春季（3 月）面积为 101.24～107.97km^2，变幅为 7%，年均变化率为 2%；就面积而言，滴灌淖尔水面总体呈现波动上升趋势。夏季水面面积多小于春季（2012 年除外），占比 0.80～0.89，主要是夏季淖尔水面蒸发量大，且夏季为农作物耗水高峰期，地下水侧向补给减少所致；进入秋季，随着蒸发量减少，特别是秋浇补水后地下水侧向补给和田间排水增加导致 11 月后淖尔水面逐渐变大，第二年灌溉期之前，淖尔经冬季的累积补给后第二年春季水面达到最大。2012 年河套灌区发生特大洪涝灾害，导致淖尔面积显著增加。后几年由于蒸发量较大逐渐变小，2014～2016 年区域淖尔补给排泄处于新的平衡状态，淖尔面积变化较为稳定。从区域上看，滴灌淖尔主要分布在磴口县和五原县。以夏季为例，磴口县滴灌淖尔面积最大、数量最多，平均面积占总量的 82%，滴灌淖尔数量占总量的 51%；五原县次之，滴灌淖尔面积占总量的 10%，数量占 26%。磴口县和五原县的滴灌淖尔面积和数量分别占灌区滴灌淖尔的 92% 和 77%，该区域是河套灌区发展淖尔水滴灌的重点区域。

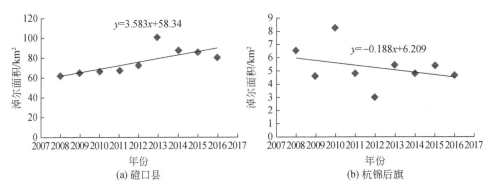

(a) 磴口县   (b) 杭锦后旗

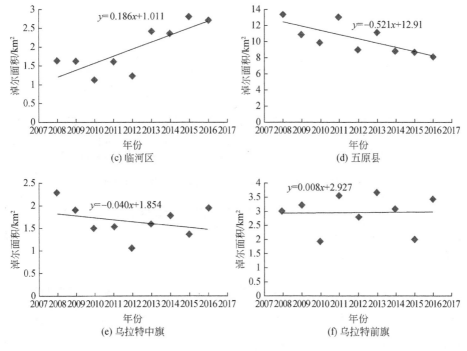

图 2-11　2008～2016 年春季河套灌区滴灌淖尔线性趋势性分析

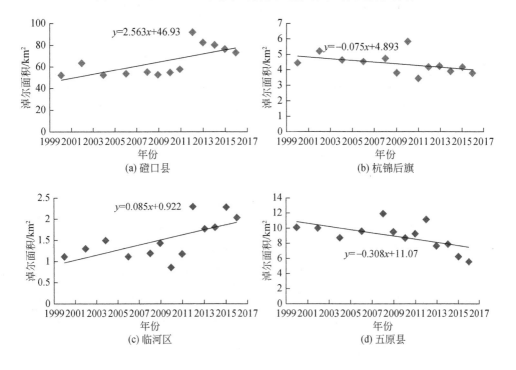

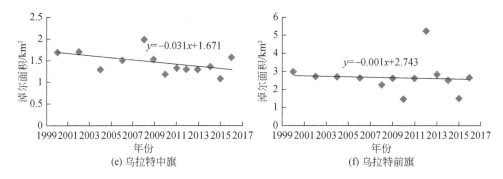

(e) 乌拉特中旗   (f) 乌拉特前旗

图 2-12　2000～2016 年夏季河套灌区滴灌淖尔线性趋势性分析

表 2-6　2000～2016 年夏季河套灌区滴灌淖尔面积　　（单位：km²）

旗县	2000 年	2002 年	2004 年	2006 年	2008 年	2009 年	2010 年	2011 年	2012 年	2013 年	2014 年	2015 年	2016 年
磴口县	51.3	63.5	52.0	53.5	55.11	52.88	54.79	57.91	91.69	82.37	79.17	76.65	72.53
杭锦后旗	4.4	5.2	4.6	4.5	4.72	3.79	5.82	3.44	4.17	4.22	3.90	4.15	3.83
临河区	1.1	1.3	1.5	1.1	1.19	1.43	0.84	1.17	2.28	1.76	1.79	2.27	2.04
五原县	10.0	10.0	8.7	9.5	11.83	9.55	8.63	9.21	11.10	7.63	7.88	6.23	5.56
乌拉特中旗	1.7	1.7	1.3	1.5	1.99	1.52	1.20	1.33	1.30	1.30	1.36	1.08	1.58
乌拉特前旗	3.0	2.7	2.7	2.6	2.23	2.62	1.47	2.62	5.27	2.79	2.49	1.53	2.69
合计	71.58	84.43	70.78	72.69	77.07	71.79	72.75	75.69	115.81	100.07	96.60	91.90	88.24

表 2-7　2008～2016 年春季河套灌区滴灌淖尔面积　　（单位：km²）

旗县	2008 年	2009 年	2010 年	2011 年	2012 年	2013 年	2014 年	2015 年	2016 年
磴口县	61.56	64.26	66.36	67.59	71.99	101.32	87.10	85.85	80.32
杭锦后旗	6.55	4.61	8.24	4.77	2.96	5.41	4.76	5.39	4.72
临河区	1.63	1.62	1.12	1.61	1.23	2.41	2.36	2.81	2.72
五原县	13.28	10.86	9.81	13.11	9.00	11.07	8.87	8.65	8.10
乌拉特中旗	2.29	1.89	1.49	1.53	1.04	1.58	1.77	1.35	1.94
乌拉特前旗	3.02	3.21	1.95	3.55	2.78	3.66	3.11	2.01	3.44
合计	88.33	86.45	88.97	92.16	89.00	125.45	107.97	106.05	101.24

2.5　滴灌淖尔蓄水量

　　估算滴灌淖尔蓄水量，可为淖尔补给排泄途径与数量估算、淖尔水滴灌分区布局、淖尔开发利用方式、补配水方案确定及节水潜力分析等提供依据。淖尔蓄水量估算主要涉及两个参数，分别是面积与水深。本书采用遥感解译与实地调查相结合的方法进行。2013 年、2014 年冬春季、夏季对磴口县境内的 35 个典型淖尔的水深进行实测，获得 35 组淖尔水面与水深数据。2014 年春季、2017 年年初对淖尔冻结时水面、水深、淖尔边缘与水面高差、淖尔边缘与淖尔水面边界距离等进行了实测。结果表明，水面面积在 5000～7000 亩（333.3～466.7hm^2）的淖尔平均水深约 2.1m；水面面积在 2000～5000 亩（133.3～333.3hm^2）的淖尔平均水深 1.6m；水面面积在 1000～2000 亩（66.67～133.3hm^2）的淖尔平均水深约 1.4m；水面面积在 50～1000 亩（3.33～66.67hm^2）的淖尔平均水深为 0.7～1.5m。将典型淖尔遥感面积和实测平均水深进行拟合，绘制了水面面积与平均水深的关系曲线，经相关性分析，二者确定性系数达到 0.7099，在 0.01 水平（双侧）显著相关（图 2-13）。滴灌淖尔水面-水深关系估算淖尔蓄水量。根据遥感资料，超大面积（万亩左右）淖尔数量极少，同时考虑到特异性采用单独实测的方法估算其面积。根据淖尔水面与平均水深关系曲线和实测资料，估算 2008～2016 年春季（3 月）河套灌区滴灌淖尔蓄水量 12117 万～26465 万 m^3（表 2-8），夏季（8 月）7342 万～27643 万 m^3（表 2-9）。总体上春季蓄水量大于夏季，2008～2012 年年初，淖尔蓄水量变化平稳，2012 年夏季河套灌区发生历史性大洪水，导致淖尔蓄水量急剧增加，后期随着补给的减少，淖尔蓄水量逐步降低（图 2-14、图 2-15）。

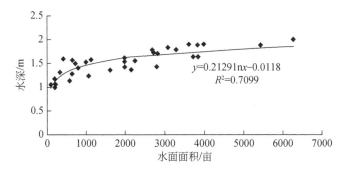

图 2-13　淖尔面积-平均水深拟合曲线

$$y=0.2129\ln x-0.0118 \tag{2-1}$$

式中，y 为淖尔平均水深，m；x 为淖尔面积，亩。

表2-8 2008～2016年春季（3月）滴灌淖尔蓄水量   （单位：万 m^3）

年份	磴口县	杭锦后旗	临河区	五原县	乌拉特中旗	乌拉特前旗	合计
2008	8740	930	231	1885	325	429	12540
2009	9007	646	227	1522	265	450	12117
2010	9435	1172	159	1394	212	278	12650
2011	10646	752	254	2064	240	559	14515
2012	11316	466	193	1415	164	438	13992
2013	21398	1136	506	2325	331	769	26465
2014	15895	869	430	1619	323	567	19703
2015	15367	965	502	1549	241	360	18984
2016	14302	840	484	1442	346	612	18026
平均	12901	864	332	1691	272	496	16555

表2-9 2008～2016年夏季（8月）滴灌淖尔蓄水量   （单位：万 m^3）

年份	磴口县	杭锦后旗	临河区	五原县	乌拉特中旗	乌拉特前旗	合计
2008	7216	618	155	1549	261	292	10091
2009	5407	388	146	977	156	268	7342
2010	6702	712	103	1055	146	180	8898
2011	7123	423	144	1133	164	322	9309
2012	21886	995	543	2649	311	1259	27643
2013	16384	839	350	1517	259	554	19903
2014	12746	628	289	1269	218	402	15552
2015	12174	659	360	989	171	242	14595
2016	10013	529	281	768	219	372	12182
平均	11072	644	263	1323	212	432	13946

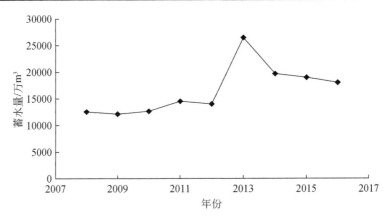

图2-14 2008～2016年春季（3月）滴灌淖尔蓄水量变化图

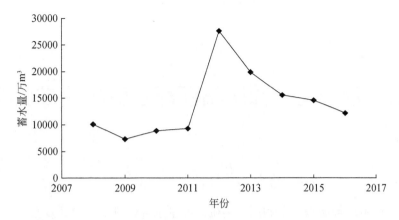

图 2-15　2008～2016 年夏季（8 月）滴灌淖尔蓄水量变化图

第3章 河套灌区滴灌淖尔现状补排关系

3.1 研究方法

要对淖尔进行滴灌开发利用，需确定淖尔水补给排泄的途径及数量，经水文地质条件分析及现场调查可知，淖尔补给项主要包括：降水补给、径流补给、侧渗补给、分凌分洪补给，排泄项主要包括：蒸发损失、渗漏损失。降水补给量可通过降水数据与淖尔面积乘积计算；分凌分洪水补给量可通过实地调查数据获取；径流补给可按径流深与流域面积（淖尔水面占有面积）乘积进行估算；蒸发损失可参照水库的计算方法进行计算；渗漏损失可利用渗漏系数计算，但淖尔以往研究较少且无可参考类似成果，本书通过对典型淖尔的监测、分析、计算，确定渗漏系数；并通过水量平衡原理确定典型淖尔灌水关键期及其他时期侧渗补给比例系数。因此，选择具有代表性的淖尔开展补给排泄途径与数量研究（图 3-1），以此为依据，根据水量平衡原理进行区域尺度淖尔补给排泄平衡计算。其中，典型

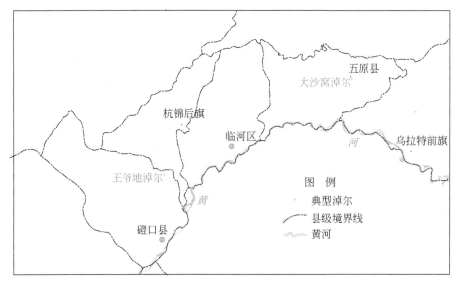

图 3-1 典型淖尔位置示意图

淖尔的选择综合考虑淖尔的形成原因、区域代表性、规模大小、可补给性等，选择"泥底子"（隔水性好、能蓄水）淖尔代表滴灌可利用淖尔，选择"沙底子"（透水性高、蓄水不稳定）代表利用潜力小的淖尔。其中，磴口县王爷地淖尔地处乌兰布和沙漠腹地，为典型的"泥底子淖尔"；五原县大沙窝淖尔地处灌区腹地，属典型的"沙底子淖尔"。典型淖尔位置详见图3-1。

3.2 典型淖尔概况

3.2.1 磴口县王爷地淖尔

1. 地形地貌

王爷地淖尔地处乌兰布和沙漠，由于沙丘作用，地势变化复杂，自然地貌，沙丘洼地错综复杂，人工复垦地段地势平缓。全新世以来，气候日渐干旱，风的地质作用加强，大量的风成砂覆盖在地表，形成了平沙地、沙丘、沙垄等地貌景观（图3-2）。

图3-2 王爷地淖尔周边沙地地貌

2. 地层及岩性

根据《区域水文地质普查报告（磴口县幅）》及现场踏勘，淖尔和周边地层及岩性如下。

1）全新统风积层

岩性以浅棕黄色、浅黄色细砂、粉砂为主。砂的成分以石英为主，其次为长石及其他暗色物质，分选磨圆均好，结构松散，厚度0.5～2.5m。淖尔边缘地表砂层状况详见图3-3。

图 3-3 淖尔边缘地表砂层及潜水渗出（侧渗）

2）渐新统陆相岩层

根据出露显示，岩性主要为棕红色、砖红色黏土、泥质粉砂，后经钻探显示，淖尔周边黏土厚度在 4～8m；再往下面为 4～5m 厚的泥质粉砂，淖尔周边出露地层见图 3-4。

图 3-4 淖尔周边出露地层

3.2.2 五原县大沙窝淖尔

1. 地形地貌

五原县属河套平原一部分，地势总体上自西南向东北倾斜，属平原地貌，地形平坦开阔，起伏变化较小，为黄河冲湖积平原。北部与狼山的山前冲洪积平原相互交错。

2. 地层及岩性

五原县所在大地构造单元上，属阴山天山纬向构造带，并受新华夏系构造的影响，形成内陆断陷盆地，整个辖区属河套平原，为第四系松散的地层所覆盖，沉积了较厚的湖相地层。上部是冲积、风积层，主要岩性为细砂、粉砂和砂黏土互层。砂层层理清晰，厚度 10～70m。中部为河湖交替层，主要岩性为淤泥质、粉砂与黏土互层。下部为巨厚的新老第四系湖相沉积层，主要岩性为淤泥质砂黏土。五原大沙窝淖尔现状见图 3-5。

图 3-5　五原大沙窝淖尔现状

3.2.3　典型淖尔水文地质条件及参数的确定

1. 典型淖尔水文地质条件勘查布设

为查明典型淖尔水文地质条件，了解淖尔周边地下水的埋藏、分布状况及补给、径流、排泄条件，估算水资源的数量，对典型淖尔开展水文地质勘查工作，具体完成工作量如表 3-1 及图 3-6、图 3-7 所示。

表 3-1　典型淖尔水文地质勘查工作量统计

序号	工作内容	数量	单位	备注
1	野外踏勘	6	km²	磴口、五原各 1 处
2	水位测量	32	口（眼）	磴口 28 眼，五原 4 眼
3	核磁共振勘探	3	点	磴口
4	大地电磁勘测剖面	800	m	磴口
5	地质钻探深度	160	m	磴口 90m、五原 70m
6	地形测绘	3.5	km²	磴口、五原
7	抽水试验	1	口（眼）	磴口
8	动态监测点	6	个	磴口、五原各 3 个

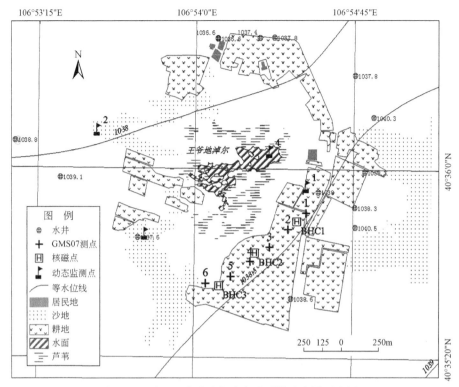

图 3-6　磴口王爷地淖尔水文地质勘查布设示意图

图 3-7　五原大沙窝淖尔钻孔及动态监测分布图

2. 磴口县王爷地淖尔水文地质勘查成果分析

1）地下水流向及水力坡度

根据现场调查，在淖尔周边共找到水井 28 眼，测量水位 22 个，生成淖尔周边地下水位等值线成果如图 3-6 所示。

根据图 3-6 可得出，王爷地淖尔周边地下水水流方向为从东南流向西北；根据等水位线的高程及距离，计算得出淖尔周边地下水水力坡度为 0.6‰。

2）物探勘测成果分析

通过核磁共振探测，3 个点测试结果反应显示距地面埋深 1～2m 处分布有浅层地下浅水含水层，厚约 1m，因为这 3 个核磁点均位于淖尔周边的农田里，该层为农田的耕作层。BHC1 点测深 5～60m、BHC2 点测深 4～16m、BHC3 点测深 8～39m（图 3-8～图 3-10），因导水系数或渗透系数很小（核磁共振实测数据为 0.1m/d），核磁成果反演含水率为 0，通常情况下为黏土等相对隔水层。表明周边存在一层厚 12～56m 隔水层。各测点 50m 下部岩性显示含水率较高，富水性较好，均为富水性较好的含水层。

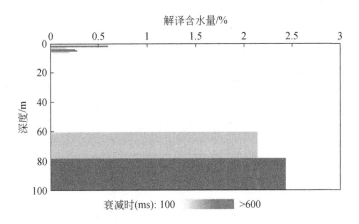

图 3-8　核磁共振测点 BHC1 解译成果图

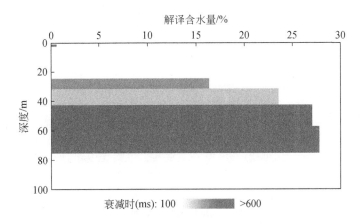

图 3-9　核磁共振测点 BHC2 解译成果图

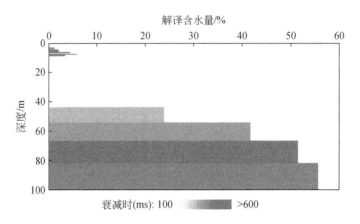

图 3-10 核磁共振测点 BHC3 解译成果图

图 3-11 反映的为所测剖面线地层的视电阻率变化，根据视电阻率变化情况反映淖尔周边地层的连续情况。尤其从二维反演结果可以看出，该剖面地层岩性连续，无断层或隔断，该剖面上部测得地表视电阻率在 20 Ω m 左右，与地表实际岩性黏土的视电阻率相符，虽然随着深度的增加，视电阻率慢慢增加，但最大在 35 Ω m 左右，初步估计 25～35 Ω m 为含水层，即地表以下 60 m 左右为含水层。

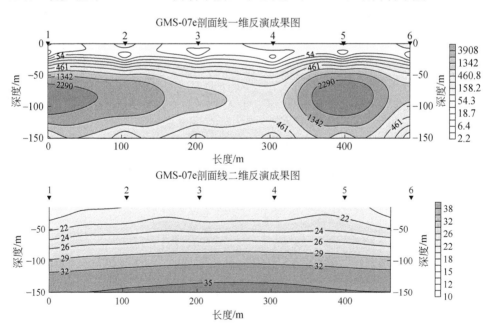

图 3-11 大地电磁勘探反演成果图

　　根据以上两种物探方法综合对比分析，可以得出淖尔周边地层均匀且连续，地表分布有浅水含水层，厚 1m 左右；再往下 12～56 m 核磁反演含水率为零，初步判断为黏土类的隔水层。根据核磁共振勘探结果，王爷地淖尔周边隔水层渗透系数为 0.1m/d（表 3-2）。

表 3-2　核磁勘测反演成果表

层号	层顶深度 /m	层底深度 /m	层厚 /m	测试含水量 /%	衰减时 (T_2*)	解译含水量 /%	渗透系数 /（m/d）	导水系数 /（m²/d）
		18	18	60	2369.9	2		
1	0	1	0.5	0	0	0	0.0	0.00
2	1	2	1.5	0.4787	156.5	0.6052	1.2	1.24
3	2	3	2.5	0	0	0	0.0	0.00
4	3	4	3.5	0	0	0	0.0	0.00
5	4	5	4.5	0	0	0	0.0	0.00
6	5	6	5.5	0.1286	135.6	0.1685	0.0	0.12
7	6	7	6.5	0.1992	132.2	0.2628	0.1	0.02
8	7	8	7.5	0.209	118.1	0.285	0.1	0.13
9	8	10	9	0.1518	121.4	0.2052	0.1	0.27
10	10	13	11.5	0	0	0	0.0	0.00
11	13	16.8	14.9	0	0	0	0.0	0.00
12	16.8	21.7	19.2	0	0	0	0.0	0.00
13	21.7	28	24.9	0	0	0	0.0	0.00
14	28	36.2	32.1	0	0	0	0.0	0.00
15	36.2	46.8	41.5	0	0	0	0.0	0.00
16	46.8	60.5	53.6	0	0	0	0.0	0.00
17	60.5	78.2	69.3	0.1141	148.4	0.146	0.6	10.56
18	78.2	100	89.1	0.3372	136.2	0.4413	1.8	39.33

　　3）地质钻探分析

　　A. 磴口县王爷地淖尔

　　为验证物探分析成果，揭示王爷地淖尔周边浅层岩性，在王爷地淖尔周边共布设 3 个地质钻探孔，根据钻孔揭示的岩性，并绘制淖尔的剖面图（图 3-12）。

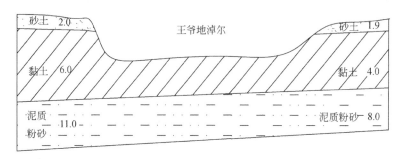

图 3-12　磴口县王爷地淖尔地质剖面示意图

由地质剖面图（图 3-12）知，钻探揭示地层岩性与物探结果分析基本一致。因场地限制，淖尔周边的物探主要集中在淖尔东南面，淖尔东南边隔水层相对较厚，根据钻探成果，淖尔北面隔水层厚度相对较小，钻孔揭示厚度为 4m。该层再往下 4～5m 为泥质粉砂，也属于弱透水层。根据《水文地质手册》，周边表层砂土，透水性较好，渗透系数 k 通常为 5～20m/d；下层黏土及泥质粉砂透水率差，尤其黏土一般为隔水层，渗透系数 k 通常为 0.05～0.10m/d；泥质粉砂属弱透水层，渗透系数 k 通常为 0.25～0.5m/d。

B. 五原县大沙窝淖尔

在大沙窝淖尔周边共布设 2 个地质钻探孔，根据钻孔揭示的岩性，绘制淖尔的剖面图（图 3-13）。大沙窝淖尔周边地层岩性为细砂、砂，且厚度较大，一直到地表以下 20m 左右。砂层为含水层，导水能力较强。

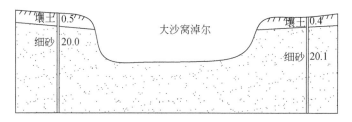

图 3-13　五原县大沙窝淖尔剖面示意图

3.2.4　典型淖尔水面与地下水位变化

1. 磴口县王爷地淖尔动态监测

磴口县王爷地淖尔在监测井和淖尔里共放置 3 套水位动态监测设备，每天记录数据 4 次。数据观测从 2015 年 1 月开始，已观测成果数据整理如图 3-14、图 3-15 所示。地下水动态属于灌溉入渗-蒸发型，灌溉水以及降水是地下水的主要补给方式，而潜水蒸发是地下水的主要排泄方式。地下水位在一年内呈现明显的季节性变化，最浅水位埋深为 0.7m，最深水位埋深为 1.5m。从上一年 11 月开始地下水位一直处于下降趋势，到次年 3 月水位缓慢降低。主要原因是在该时段土壤处于封冻期，加之降水量比较少。直到 4 月以后，开始灌溉，附近靠近井灌区，地下水位下降明显，从 7 月初到 8 月末，气温逐渐回升，加上蒸发加大，大部分农作物处于生长期，作物需水量明显增大，再加上地下水的开采量多，地下水位持续下降。进入 9 月，地下水位降到最低，达到秋浇前的最小值。9 月末 10 月初，灌域内农田进行秋浇洗盐，灌水量较大，地下水位迅速回升，直到 11 月初，地下水位达到最高。

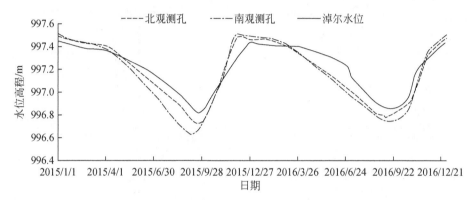

图 3-14　磴口县王爷地淖尔水位动态监测图

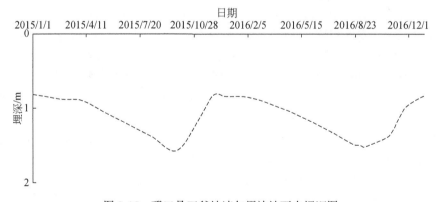

图 3-15　磴口县王爷地淖尔周边地下水埋深图

根据动态监测成果（图 3-14、图 3-15），淖尔水位与周边地下水位变化规律上保持一致性，有较强的两次上升两次下降趋势，因灌水量和灌水时间的变化而变化。根据动态监测资料，由于潜水蒸发和作物耗水，夏末秋初地下水位最低；随着秋浇补水，地下水水位和淖尔水位在 1 月左右达到最高，全年地下水位变幅为 0.86m；淖尔水位最高变幅为 0.63m。淖尔各补给项及地下水位变化均直接正作用于淖尔水位变化。对于蒸发较小、无作物耗水的其他时期进行相关性（相关系数 0.95）分析来看，地下水位对淖尔水位的变化相关性较高且具有直接正作用，而此期间的地下水位与秋浇及灌溉量具有较高的直接正作用。

2. 五原县大沙窝淖尔动态监测

2015 年 6 月开始在 2 个监测井和淖尔里共放置 3 套水位动态监测设备，每天记录数据 4 次，如图 3-16。

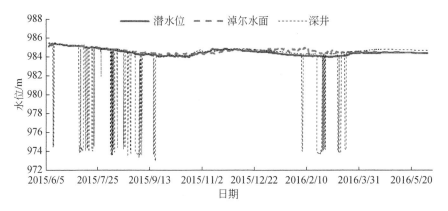

图 3-16　五原县大沙窝淖尔水位动态监测图

大沙窝淖尔位于原黄河古河道范围内，与浅层地下水位连通，形成和发展主要与蒸发、渠系渗漏、灌溉排水等有关，季节性和年际变化较大。根据对大沙窝淖尔水面、周边地下水的水位动态监测成果可以得出，淖尔水面水位变化与周边潜水位一致。根据深井监测数据，该地区承压水位略高于潜水位，当对地下水进行开采时，地下水位降深 12 m，停止开采后迅速恢复至初始水位。秋浇季节，虽有大量灌溉排水进入该淖尔，但淖尔水位并没有明显升高，虽略有升高但很快消落，与周边地下水位一致。结合对淖尔周边的岩性判定，淖尔底部主要为沙，淖尔水面可视为周边浅层地下水的出露，淖尔水与周边地下水存在密切水力联系。该类淖尔属于"沙底子"淖尔，蓄水不稳定。该结果进一步验证了河套灌区的一些淖尔实际为地下水在地表处的出露，其与地下水水位关系紧密，天然状态和人工调蓄下仍无法稳定蓄水，无法满足滴灌的灌溉保证率，该类淖尔不宜作为滴灌淖尔。

3.2.5　典型淖尔补给排泄量计算

1. 磴口县王爷地淖尔补给排泄量计算

通过收集整理淖尔所在区域的水文地质资料，在此基础上，对淖尔进行水文地质勘查得出，对于磴口王爷地淖尔这一"泥底子"类型的淖尔，水文地质情况可概化为地表 1m 左右为耕植土或砂土，属于浅层含水层或透水层；往下 8～9 m

为黏土类隔水层或弱透水层。经水文地质条件分析及实地调查可知，淖尔补给项主要包括：降水补给、径流补给、侧渗补给和分凌分洪补给，排泄项主要包括：蒸发损失和渗漏损失。

1）蒸发损失计算

淖尔蒸发损失量计算采用下式：

$$W_{蒸}=E_{水}\times A_{库}\times 10$$

式中，$W_{蒸}$ 为蒸发损失量，m^3；$E_{水}$ 为水面蒸发深度，mm；$A_{库}$ 为水面面积，hm^2。

水面蒸发深度采用当地蒸发皿（Ψ20）实测月系列数据，折算系数采用钱云平等（1998）对位于磴口县的巴彦高勒蒸发实验站水面蒸发研究结果。根据计算（表 3-3），王爷地淖尔 2015～2016 年蒸发损失量为 57.7 万 m^3，其中 8 月蒸发损失所占比例最大，占当月淖尔平均蓄水量的 25.0%。

表 3-3　磴口县王爷地淖尔水面蒸发量计算表

日期	月初淖尔平均储水量/万 m^3	蒸发深度/mm	折算系数	蒸发损失量/万 m^3	蒸发损失量占当月平均储水量比例/%
2015/1	26.8	33.5	0.547	0.7	2.6
2015/2	26.6	53.3	0.492	0.9	3.4
2015/3	26.0	180.1	0.391	2.4	9.2
2015/4	24.7	187.1	0.448	2.8	11.3
2015/5	23.4	300.3	0.438	4.1	17.5
2015/6	20.9	268.7	0.478	3.6	17.2
2015/7	18.4	265.5	0.516	3.4	18.5
2015/8	16.0	335.1	0.567	4.0	25.0
2015/9	12.0	185.9	0.600	2.1	17.5
2015/10	12.5	132.4	0.592	1.7	13.6
2015/11	16.9	51.6	0.594	0.9	5.3
2015/12	25.5	18.7	0.621	0.4	1.6
2016/1	27.4	36.9	0.547	0.8	2.9
2016/2	27.3	59.3	0.492	1.1	4.0
2016/3	26.7	132.3	0.391	1.8	6.7
2016/4	25.5	252.7	0.448	3.9	15.3
2016/5	24.4	342.3	0.438	4.9	20.1
2016/6	22.4	336.4	0.478	4.6	20.5
2016/7	18.4	335.9	0.516	4.3	23.4
2016/8	15.5	290.6	0.567	3.5	22.6
2016/9	12.4	194.2	0.600	2.1	16.9
2016/10	11.3	154.1	0.592	1.8	15.9

日期	月初淖尔平均储水量 /万 m³	蒸发深度/mm	折算系数	蒸发损失量/万 m³	蒸发损失量占当月平 均储水量比例/%
2016/11	14.0	76.1	0.594	1.1	7.9
2016/12	27.3	39.3	0.621	0.8	2.9
合计	—	—	—	57.7	—

2）渗漏损失计算

根据动态监测成果，王爷地淖尔 4～9 月淖尔水面高于周边地下水位，存在一定量的渗漏，其他月份周边地下水位高于淖尔，不存在渗漏问题，故王爷地淖尔 4～9 月渗漏损失计算采用达西定律计算，渗流量（$Q_{渗漏}$）按如下公式计算：

$$Q_{渗漏}=kIA$$

式中，k 为渗透系数，m/d；I 为水力坡度；A 为过水断面面积，即淖尔水面面积。

根据王爷地淖尔水文地质勘查成果，淖尔底部及侧面岩性为黏土，黏土透水性差，平均 0.1m/d。王爷地淖尔周边共 2 个地下水动态监测井，其中南面观测井距离淖尔最近距离为 148.7m；北面观测孔距离淖尔距离为 355m。故淖尔渗漏的水力坡度，按淖尔水面与 2 个观测孔地下水的平均水位高差除以淖尔水面到监测井的距离。根据计算（表 3-4），王爷地淖尔 2015 年 1 月～2016 年 12 月的 2 年内渗漏损失总量为 0.61 万 m³，月渗漏量占当月淖尔平均水量的 0.3%，淖尔的渗漏损失量与当月平均蓄水量呈正比。

表 3-4　王爷地淖尔天然渗漏损失计算表

日期	月初水量/万 m³	渗透系数/（m/d）	水力坡度/‰	渗漏量/万 m³	渗漏量比例/%
2015/4	24.7	0.1	0.01	0.02	0.1
2015/5	23.4	0.1	0.29	0.04	0.2
2015/6	20.9	0.1	0.52	0.06	0.3
2015/7	18.4	0.1	0.77	0.06	0.3
2015/8	16.0	0.1	0.81	0.06	0.4
2015/9	12.0	0.1	0.71	0.03	0.3
2016/3	26.7	0.1	—	0.03	0.1
2016/4	25.5	0.1	0.43	0.06	0.2
2016/5	24.4	0.1	0.72	0.08	0.3
2016/6	22.4	0.1	0.83	0.07	0.3
2016/7	18.4	0.1	0.75	0.06	0.3
2016/8	15.5	0.1	0.59	0.03	0.2
2016/9	12.4	0.1	—	0.01	0.1
合计（平均）	—	—	—	0.61	0.3

3）灌溉用水

王爷地淖尔周边 2015 年有 500 亩（33.3hm²）土地利用淖尔水进行灌溉，至 2016 年为 800 亩（53.3hm²），灌溉用水量为 26.0 万 m³（表 3-5）。

表 3-5　磴口县王爷地淖尔灌溉用水量

日期	灌溉面积/hm²	灌溉定额/（m³/hm²）	用水量/万 m³
2015/4	33.3	300	1
2015/5	33.3	600	2
2015/6	33.3	600	2
2015/7	33.3	600	2
2015/8	33.3	600	2
2015/9	33.3	300	1
2016/4	53.3	300	1.6
2016/5	53.3	600	3.2
2016/6	53.3	600	3.2
2016/7	53.3	600	3.2
2016/8	53.3	600	3.2
2016/9	53.3	300	1.6
合计	—	3000	26.0

4）大气降水

大气降水补给只考虑降水直接对淖尔水面的补给，计算公式为

$$Q_{降水} = AR$$

式中，A 为淖尔水面面积，hm²；R 为降水深度，mm。

根据计算（表 3-6），王爷地淖尔年大气降水补给 7.83 万 m³。

表 3-6　大气降水补给量计算表

日期	月初水面面积/hm²	降水深度/mm	降水补给量/万 m³	降水占当月蓄水量比例/%
2015/1	36.2	0.3	0.01	0.04
2015/2	36.0	0.5	0.02	0.07
2015/3	34.3	2.0	0.07	0.27
2015/4	33.9	12.6	0.42	1.74
2015/5	32.3	22.5	0.69	3.14
2015/6	29.4	51.4	1.44	7.31
2015/7	26.5	20.1	0.50	2.92
2015/8	23.5	35.2	0.74	5.29

日期	月初水面面积/hm²	降水深度/mm	降水补给量/万 m³	降水占当月蓄水量比例/%
2015/9	18.6	8.5	0.16	1.31
2015/10	19.2	4.7	0.10	0.70
2015/11	24.6	3.2	0.09	0.45
2015/12	34.7	0.8	0.03	0.11
2016/1	38.6	0.0	0.00	0.00
2016/2	36.8	0.3	0.01	0.04
2016/3	36.1	0.9	0.03	0.12
2016/4	34.7	0.6	0.02	0.08
2016/5	33.5	19.5	0.63	2.69
2016/6	31.2	16.0	0.46	2.26
2016/7	26.5	20.8	0.51	3.03
2016/8	23.0	72.3	1.52	10.89
2016/9	19.0	16.1	0.30	2.49
2016/10	17.7	3.5	0.07	0.54
2016/11	21.1	0.4	0.01	0.05
2016/12	28.7	0.1	0.00	0.01
合计	—	—	7.83	—

5）地表径流

根据《内蒙古自治区水资源及其开发利用调查评价》[1]：河套灌区多年平均年径流深小于 5mm。淖尔径流补给计算以其所在小流域为单元计算，以王爷地淖尔为例，周边地势平坦，南边为流沙地貌，北边多为耕地，渠系复杂纵横交错，且相互连通，故淖尔周边无法划分独立小流域单元，再加上年径流深偏小，从供水安全角度来看，该部分水量忽略不计。

6）侧渗补给

根据王爷地淖尔现场实地调查和水文地质勘探可知，王爷地淖尔周边耕地现状以漫灌为主，引水量较大，对淖尔存在补给，尤其秋浇，补水较明显。另外，周边田地灌溉排水及渠系存在渗漏，也都列入侧渗补给量。王爷地淖尔周边地势平坦，南边为流沙地貌，北边多为耕地，渠系复杂纵横交错，且相互连通，故淖尔周边无法划分独立小流域单元，侧渗补给主要依据淖尔水面高程监测成果及水量平衡原理来计算。公式如下：

$$\Delta V_{淖尔} = Q_{降水} + Q_{侧渗} - Q_{蒸发} - Q_{渗漏} - Q_{灌溉}$$

① 内蒙古自治区水利水电勘测设计院、内蒙古自治区水文总局、内蒙古自治区水事监理服务中心，2008年。

式中，$\Delta V_{淖尔}$为淖尔月初月末蓄水量变化，万 m^3；$Q_{降水}$为降水对淖尔补给量，万 m^3；$Q_{侧渗}$为地下水侧渗对淖尔补给量，万 m^3；$Q_{蒸发}$为淖尔水面蒸发量，万 m^3；$Q_{渗漏}$为淖尔水渗漏量，万 m^3；$Q_{灌溉}$为淖尔水灌溉取水量，万 m^3。

灌水关键期侧渗补给量主要来自灌溉、渠道渗漏引发的部分侧渗补给，这一时期灌溉用水较多、作物耗水量较大、蒸发强烈，侧渗补给量较小；非灌水关键期侧渗补给量主要来自大面积、大定额（120m³/亩）的秋浇，且秋浇间渠道输水持续时间较长、渗漏量较大导致淖尔周边地下水位升高，当浅层地下水位高于隔水层顶部位置时，浅层地下水向淖尔侧渗补给，这一时期在无作物耗水、蒸发量较小的 10 月底到次年 3 月底，侧渗补给量较大。根据计算（表 3-7），王爷地淖尔2015 年 1 月至 2016 年 12 月侧渗补给量 75.8 万 m^3，最高补给量与秋浇日期有关，但存在一定滞后性，如 2015 年淖尔周边在 9 月底进行秋浇，最高补给量出现在10 月；2016 年 10 月底进行秋浇，最高补给量出现在 11 月。根据水量平衡计算，2015～2016 年灌溉关键期（4～8 月）地下水侧渗补给量为 30.1 万 m^3，占两年侧渗总补给量的 40%。其他时期（9 月至次年 3 月）总补水量合计为 45.6 万 m^3，占全年侧渗补水量的 60%。

表 3-7　磴口县王爷地淖尔侧渗补给计算表

日期	月初水量/万 m^3	蒸发损失/万 m^3	渗漏损失/万 m^3	灌溉取水/万 m^3	降水补给/万 m^3	侧渗补给
2015/1	26.8	0.7	—	—	—	0.5
2015/2	26.6	0.9	—	—	—	0.3
2015/3	26.0	2.4	—	—	0.1	1.0
2015/4	24.7	2.8	0.02	1	0.4	2.1
2015/5	23.4	4.1	0.04	2	0.7	2.9
2015/6	20.9	3.6	0.06	2	1.4	1.7
2015/7	18.4	3.4	0.06	2	0.5	2.6
2015/8	16.0	4.0	0.06	2	0.7	1.4
2015/9	12.0	2.1	0.03	1	0.2	3.5
2015/10	12.5	1.7	—	—	0.1	6.0
2015/11	16.9	0.9	—	—	0.1	9.4
2015/12	25.5	0.4	—	—		2.3
2016/1	27.4	0.8	—	—		0.7
2016/2	27.3	1.1	—	—		0.5
2016/3	26.7	1.8	0.03	—		0.6
2016/4	25.5	3.9	0.06	1.6		4.4

日期	月初水量/万 m³	蒸发损失/万 m³	渗漏损失/万 m³	灌溉取水/万 m³	降水补给/万 m³	侧渗补给
2016/5	24.4	4.9	0.08	3.2	0.6	5.5
2016/6	22.4	4.6	0.07	3.2	0.5	3.4
2016/7	18.4	4.3	0.06	3.2	0.5	4.1
2016/8	15.5	3.5	0.03	3.2	1.5	2.0
2016/9	12.4	2.1	0.01	1.6	0.3	2.4
2016/10	11.3	1.8	—	—	0.1	4.4
2016/11	14.0	1.1	—	—	—	7.4
2016/12	20.3	0.8	—	—	—	6.7
合计	—	57.7	0.6	26.0	7.7	75.8

7）补给排泄总量

水量平衡分析表明,王爷地淖尔补水途径主要有大气降水和地下水侧渗补给,2015～2016 年总补给量为 83.5 万 m³,其中大气降水补给量为 7.3 万 m³,占总补给量的 9.3%,地下水侧渗补给量为 75.8 万 m³,占总补给量的 90.6%。淖尔排泄途径主要为蒸发损失、渗漏损失及灌溉取水。总损失水量 84.3 万 m³,蒸发损失量为 57.7 万 m³,占全年总损失量的 68.4%,渗漏损失量为 0.6 万 m³,占全年总损失量的 0.7%,灌溉取水量 26.0 万 m³。

2. 五原县大沙窝淖尔补给排泄量计算

根据五原县大沙窝所在区域的水文地质资料,结合对大沙窝淖尔的水文地质勘查成果综合分析,可得出对于五原大沙窝这一"沙底子"类型的淖尔,水文地质情况可概化为地表 0.5 m 左右为耕植土,属于浅层含水层;往下 20 m 左右为砂、细砂类含水层。根据水位动态监测成果分析,淖尔的补水来源主要为地下水侧向补给;淖尔水量损失主要途径为蒸发损失。考虑到这一类型淖尔水面为周边浅层地下水出露,两者存在密切的水利联系。

根据对五原县大沙窝淖尔的水文地质勘查成果,大沙窝淖尔与周边浅层地下水连通,该淖尔的水面可看作为浅层地下水出露。故淖尔的水量排泄途径主要考虑蒸发损失。根据计算（表 3-8）,蒸发损失量与淖尔是水面面积呈正比,且主要集中在 4～10 月,占全年蒸发量的 86%。因为淖尔水面与当地地下水连通,故淖尔的补水途径只考虑地下水侧向补给,其补给量与区域地下水水位的高程和水面蒸发损失相关。

表 3-8　五原县大沙窝淖尔蒸发损失计算表

日期	月均蓄水量/万 m³	多年月均蒸发深度/mm	蒸发损失量/万 m³	蒸发损失量占月均蓄水量比例/%
2015/6	28.1	198.6	6.2	22.1
2015/7	24.1	214.0	5.7	23.7
2015/8	16.0	203.5	5.1	31.8
2015/9	8.3	143.9	3.3	39.8
2015/10	7.3	112.7	2.5	34.2
2015/11	10.1	55.8	1.3	12.9
2015/12	15.7	30.1	0.8	5.1
2016/1	17.0	25.0	0.6	3.5
2016/2	13.6	36.0	0.9	6.6
2016/3	10.7	63.9	1.5	14.0
2016/4	11.2	139.8	3.3	29.5
2016/5	9.6	185.1	4.3	44.8
合计	—	—	35.5	—

3.3　区域滴灌淖尔补给排泄关系

本书选择具有代表性的淖尔开展补给排泄途径与数量研究，通过对典型淖尔的监测、分析、计算确定淖尔渗漏系数；并通过水量平衡原理确定典型淖尔灌水关键期及其他时期侧渗补给比例系数，为河套灌区滴灌淖尔补给排泄项计算提供参数及依据。根据淖尔形成的水文地质条件，以区域水量平衡原理进行补给排泄数量的计算。根据淖尔水面变化及引黄灌溉时间，3 月淖尔蓄水量较大，8 月蓄水量最小，4～8 月为用水高峰期，9 月作物进入成熟后期灌溉用水较小。因此本书将水量平衡计算划分为灌溉关键期（4～8 月）与非灌溉关键期（9 月至次年 3 月）两个阶段。计算公式如下：

$$\Delta V_{淖尔}=Q_{降水}+Q_{侧渗}+Q_{分洪}+Q_{分凌}-Q_{蒸发}-Q_{渗漏}$$

式中，$\Delta V_{淖尔}$为不同时段淖尔蓄水量变化，万 m³；$Q_{降水}$为降水对淖尔补给量，万 m³；$Q_{侧渗}$为地下水侧渗对淖尔补给量，万 m³；$Q_{分洪}$为分洪水对淖尔补给量，万 m³；$Q_{分凌}$为分凌水对淖尔补给量，万 m³；$Q_{蒸发}$为淖尔水面蒸发量，万 m³；$Q_{渗漏}$为淖尔水渗漏损失量，万 m³。

3.3.1　蒸发损失

根据淖尔水滴灌的利用方式，蒸发损失计算参照水库的计算方法进行。蒸发损失等于水面蒸发量与陆面蒸发量差值。水面蒸发量是将多年平均蒸发量乘以蒸发皿折算系数所得，陆面蒸发量等于多年平均降水量减去多年平均径流深所得。根据《内蒙古自治区水资源及其开发利用调查评价》，水面蒸发折算系数参考值为 0.62，由于上述成果中的数据为 2000 年，郝培净（2016）在此基础上增加数据系列年限，对其进行修正，本计算过程折算系数采用修正成果 0.55，计算公式如下：

$$E_{\text{陆}}=P-R$$

式中，$E_{\text{陆}}$ 为陆面蒸发量，mm；P 为降水量，mm，来自各气象站点 2008～2016 年降水平均值；R 为径流深，mm；根据《内蒙古自治区水资源及其开发利用调查评价》中径流深等值线图查得，河套灌区多年平均径流深 5mm。

水库蒸发损失深度按下列公式推求：

$$\Delta E=E-E_{\text{陆}}$$

式中，ΔE 为蒸发损失深度，mm；E 为水面蒸发深度，mm；各气象站 20cm 蒸发皿观测数据平均值；$E_{\text{陆}}$ 为陆面蒸发深度，mm。

蒸发损失水量按下列公式推求：

$$W_{\text{蒸}}=\Delta E \cdot F_{\text{均}}$$

式中，$W_{\text{蒸}}$ 为蒸发损失水量，m^3；$F_{\text{均}}$ 为不同计算时段始末淖尔水面平均面积，m^2。

根据淖尔蒸发规律及淖尔水滴灌利用方式，采用每年 3 月、8 月及次年 3 月的水面面积平均值作为平均水面进行计算。并按照灌溉关键期与非灌溉关键期分别计算。河套灌区滴灌淖尔 2008～2016 年水面蒸发损失量为 7752 万～10793 万 m^3，灌溉关键期（4～8 月）淖尔水面蒸发占全年蒸发损失量的 60%～71%，非灌溉关键期占 29%～40%。2008～2016 年淖尔排泄总量为 8424 万～12064 万 m^3（蒸发损失量与渗漏量之和，详见表 3-9、表 3-10），蒸发损失占淖尔排泄总量的 85%～94%，说明水面蒸发是淖尔水损失的主要途径且占主导地位，淖尔水面面积大小决定着蒸发量，因而淖尔水滴灌时应尽可能缩小水面面积，降低无效蒸发损失。

表 3-9 河套灌区 2008～2016 年蒸发损失深度　　　　（单位：mm）

年份	1月	2月	3月	4月	5月	6月	7月	8月	9月	10月	11月	12月	合计
2008	20.9	44.08	160.4	231.54	341.8	327.46	312.8	241.06	180.8	141.3	74.08	46.16	2122.38
2009	36.88	63.08	137.86	244.74	337.02	378.8	327.14	258.54	192.2	169.3	54.72	29.1	2229.38
2010	29.47	60.68	127.05	193.05	284.12	320.43	344.15	254.38	154	128.03	85.68	55.45	2036.49
2011	21.62	55.42	125.27	244.62	315.1	334.5	322.4	264.37	191.57	139.98	57.1	27.5	2099.45
2012	30.67	50.72	124.68	244.1	288.52	269.85	252.9	236.13	156.28	143.97	59	30.1	1886.92
2013	37.47	67.25	167.9	219.22	312.4	278.52	262.23	254.2	185.87	147.82	63.1	26.6	2022.58
2014	32.95	52.63	126.39	242.63	288.52	269.85	246.84	275.82	161.52	143.97	59	30.1	1930.22
2015	33.48	53.34	180.09	187.05	300.3	268.7	265.45	335.07	185.87	132.41	51.59	18.7	2011.99
2016	30.4	55.9	143.7	225.9	308.5	306.0	291.7	264.9	176.0	143.3	63.0	33.0	2042.40

表 3-10　河套灌区滴灌淖尔水面蒸发损失　　　（单位：万 m³）

年份	蓄水量			水面蒸发损失量		合计
	3 月	8 月	次年 3 月	灌溉关键期	非灌溉关键期	
2008	12541	10092	12118	5082	2670	7752
2009	12118	7341	12650	6127	2752	8879
2010	12650	8898	14515	5487	2403	7890
2011	14515	9309	13990	6415	2661	9076
2012	13990	27644	26345	4990	3342	8333
2013	26466	19904	19704	7144	3649	10793
2014	19704	15552	18983	5995	3063	9058
2015	18983	14596	18027	6029	3290	9319

3.3.2　渗漏损失

根据滴灌淖尔形成的地质条件并结合典型淖尔地质勘探，滴灌淖尔底部与侧部主要为黏土层，透水性差。根据典型淖尔渗漏量计算结果，结合《水库设计手册》中的渗漏损失估算法及渗漏计算经验数值（表 3-11），考虑到淖尔底部、侧部黏土层分布的不均匀性，淖尔渗漏可参照地质优良型水库，最终确定渗漏损失系数为 0.5%（即月渗漏量占月平均蓄水量的比例）。淖尔每年 3 月蓄水量最大值，每年 8 月最小，本次在区域渗漏损失计算时，采用每年 3 月、8 月及次年 3 月的平均蓄水量作为月蓄水量的平均值进行估算。

表 3-11　渗漏计算经验数值表

水文地质条件	渗漏比例/%（占月平均蓄水量）
地质优良	0～1.0
地质中等	1.0～1.5
地质较差	1.5～3.0

根据计算，河套灌区滴灌淖尔 2008～2016 年渗漏损失量为 593 万～1465 万 m³（表 3-12），灌溉关键期渗漏损失占全年渗漏损失量的 36%～46%，其他时期占 54%～64%。由于非灌溉关键期用水量及蒸发量的减小，而导致此期间渗漏损失比例加大。2008～2016[①] 年淖尔排泄总量为 8424 万～12064 万 m³（蒸发损失量与渗漏量之和，详见后文表 3-18），渗漏损失占淖尔排泄总量的 6%～15%，渗漏损失是淖尔水损失的次要途径。

---

① 本书研究时间段为 2008 年 3 月～2016 年 3 月，表中次年 3 月均表示为下一年的 3 月，后同。

表 3-12　河套灌区滴灌淖尔渗漏损失　　　　（单位：万 m³）

年份	蓄水量			渗漏损失量		合计
	3 月	8 月	次年 3 月	灌溉关键期	非灌溉关键期	
2008	12541	10092	12118	283	389	672
2009	12118	7341	12650	243	350	593
2010	12650	8898	14515	269	410	679
2011	14515	9309	13990	298	408	706
2012	13990	27644	26345	520	945	1465
2013	26466	19904	19704	578	693	1271
2014	19704	15552	18983	441	604	1045
2015	18983	14596	18027	420	571	991

3.3.3　降水补给

根据 2008～2016 年滴灌淖尔水面面积及不同月份降水量计算得知（表 3-13、表 3-14），河套灌区淖尔降水补给量在 602 万～2943 万 m³，灌溉关键期补给占全年补给量的 60%～82%，非灌溉关键期占 12%～40%。2008～2016 年淖尔补给总量为 5302 万～22274 万 m³，降水补给量占淖尔补给总量的 7%～28%，降水是维持淖尔现状水分循环的因素之一，与水文年关系较为密切，人为调控性较差，不能作为补给水源。

表 3-13　河套灌区 2008～2016 年降水量　　　　（单位：mm）

年份	1 月	2 月	3 月	4 月	5 月	6 月	7 月	8 月	9 月	10 月	11 月	12 月	合计
2008	3.9	0	2.3	4.6	1.7	30.3	72.1	81.6	23.9	4.7	5.4	0.7	231.2
2009	0.6	0	3.64	2	13.2	1	27	37.7	23.7	0	5	0.6	114.4
2010	0.7	0.4	2	1.2	37.9	22	19.5	13.5	53.9	3.4	0	0.6	155.2
2011	0.7	0.6	0	0.7	1.5	12.3	16.8	23.6	5.9	7.2	2.7	0.1	72.1
2012	0	0	3.4	0	31	80.5	81.6	34.7	37.7	5.6	3.1	0.8	278.3
2013	0.1	0	0	0.1	13	31.4	25.7	30.7	28.8	0.4	2.9	0	133.0
2014	0.6	0.8	0.6	14.8	3.1	46.5	58.1	24.2	18.2	5.2	6.1	0	178.2
2015	0.3	0.5	2	12.6	22.5	51.4	20.1	35.2	8.5	4.7	3.2	0.8	161.8
2016	0.3	0.5	2	9.6	29.5	30.4	15.1	45.3	2.5	17.7	3.2	0.8	156.9

表3-14　河套灌区滴灌淖尔降水补给量 （单位：万 m³）

年份	蓄水量			降水补给量		合计
	3 月	8 月	次年 3 月	灌溉关键期	非灌溉关键期	
2008	12541	10092	12118	1574	334	1908
2009	12118	7341	12650	640	270	910
2010	12650	8898	14515	761	503	1264
2011	14515	9309	13990	461	142	602
2012	13990	27644	26345	2333	610	2943
2013	26466	19904	19704	1138	335	1473
2014	19704	15552	18983	1501	319	1820
2015	18983	14596	18027	1403	193	1597

3.3.4　径流补给

根据《内蒙古自治区水资源及其开发利用调查评价》，河套灌区多年平均年径流深仅为 5mm。河套灌区地势平坦，渠系复杂纵横交错，淖尔周边无法划分独立的小流域单元，加上年径流深偏小，因此将淖尔水面占有面积视为淖尔流域面积进行计算，径流深与流域面积（淖尔水面占有面积）乘积作为径流补给计算结果。

根据 2008~2016 年滴灌淖尔水面面积及径流深计算得知（表3-15），河套灌区淖尔径流补给量在 39.61 万~56.08 万 m³，灌溉关键期补给占全年径流补给量的 95%~96%，非灌溉关键期占 4%~5%。2008~2016 年淖尔补给总量为 5302 万~22274 万 m³，径流补给量占淖尔补给总量的 0.2%~1%，径流是维持淖尔现状水分循环的因素之一，但其补给量偏小，且与水文年及地形关系较为密切，对淖尔水量及面积影响微小，不能作为淖尔补给水源进行利用。

表3-15　河套灌区滴灌淖尔径流补给量 （单位：万 m³）

年份	蓄水量			径流补给量		合计
	3 月	8 月	次年 3 月	灌溉关键期	非灌溉关键期	
2008	12541	10092	12118	40	1.64	41.64
2009	12118	7341	12650	38	1.61	39.61
2010	12650	8898	14515	39	1.65	40.65
2011	14515	9309	13990	40	1.65	41.65
2012	13990	27644	26345	49	2.41	51.41
2013	26466	19904	19704	54	2.08	56.08
2014	19704	15552	18983	49	2.03	51.03
2015	18983	14596	18027	48	1.93	49.93

3.3.5 侧渗补给

综合考虑各补给排泄项（降水补给、径流补给、分凌分洪补给、蒸发损失、渗漏损失）时间变化情况，基于水量平衡，并结合典型淖尔灌溉关键期与非灌溉关键期侧渗补给量比例关系，估算各年份不同时段侧渗补给量。根据计算，2008～2016 年河套灌区滴灌淖尔地下水侧渗补给量为 5023 万～10032 万 m^3（表 3-16），灌溉关键期补给占全年侧渗补给量的 24%～40%（2012 年发生洪涝灾害，达到 70%）；非灌溉关键期占 60%～76%。灌溉关键期侧渗补给量较小是因为这一时期灌溉用水较多、作物耗水量较大、蒸发强烈；非灌溉关键期处于无作物耗水、蒸发量较小的 10 月底到次年 3 月底，大范围的秋浇（120m³/亩）导致淖尔周边地下水位升高，当浅层地下水位高于隔水层顶部位置时，浅层地下水通过侧渗向淖尔进行大量补给，因此这一时期侧渗补给量所占比例较大。根据水量平衡计算，2008～2016 年淖尔补给总量为 5302 万～22274 万 m^3，侧渗补给占淖尔补给总量的 45%～95%，它是淖尔存在及形成的重要因素。从保持淖尔水分循环和农田洗碱压盐需求来看，利用淖尔水进行滴灌后，仍需保持现有秋浇制度及周边一定比例的引黄灌溉面积。

表 3-16　河套灌区滴灌淖尔侧渗补给量　　（单位：万 m^3）

年份	蓄水量			侧渗补给量		合计
	3 月	8 月	次年 3 月	灌溉关键期	非灌溉关键期	
2008	12541	10092	12118	2916	4585	7501
2009	12118	7341	12650	1592	6411	8003
2010	12650	8898	14515	2005	4229	6234
2011	14515	9309	13990	1508	4750	6258
2012	13990	27644	26345	7044	2988	10032
2013	26466	19904	19704	1181	3842	5023
2014	19704	15552	18983	2284	4099	6383
2015	18983	14596	18027	2061	6042	8103

3.3.6 分洪分凌补给

河套灌区分凌主要在每年 3 月，为缓解下游防凌压力进行泄凌，分凌水大部分进入乌梁素海、牧羊海子等大型淖尔，少量对乌兰布和沙漠进行生态补水或为秋浇预留干地补墒。据统计，河套灌区有规模系统性的分凌开始于 2008 年。根据调查统计（表 3-17），2008～2016 年滴灌淖尔的分凌水补给量分别为 0 万 m^3、500 万 m^3、

2000 万 m³、4200 万 m³、3000 万 m³、0 万 m³、300 万 m³、3000 万 m³、1250
万 m³。河套灌区地处干旱、半干旱地区，随着黄河防汛能力的加强，发生洪水的
概率大大降低。根据统计，2008～2016 年仅 2012 年、2013 年分洪，滴灌淖尔分
洪水补给量分别为 12120 万 m³、100 万 m³。2008～2016 年淖尔补给总量为 5302
万～22274 万 m³，分凌水占总补给量 0～40%，分洪水占总补给量 0～54%，分洪、
分凌水量年际差异性较大，补给变幅较大，在淖尔水量及水域面积变化幅度较大
过程中起到主要作用。分洪与水文、气象、上游来水条件密切相关，补给表现一
定随机性、不确定性，不能作为淖尔稳定的补给水。分凌水水质较好，主要为春
季开河减轻下游防凌压力，具体用途暂无相关规定且不计在引黄灌溉水指标内，
可考虑将其作为滴灌淖尔的人工补给水源进行利用。

表 3-17 河套灌区滴灌淖尔分凌分洪补给量　　　　　　　（单位：万 m³）

年份	分凌水		合计	分洪水		合计
	灌溉关键期	非关键期		灌溉关键期	非关键期	
2008	0	0	0	0	0	0
2009	0	500	500	0	0	0
2010	0	2000	2000	0	0	0
2011	0	4200	4200	0	0	0
2012	0	3000	3000	12120	0	12120
2013	0	0	0	100	0	100
2014	0	300	300	0	0	0
2015	0	3000	3000	0	0	0
2016	0	1250	1250	0	0	0

3.3.7 总补给与总排泄量分析

根据区域水量平衡，2008～2016 年滴灌淖尔补给总量为 84006 万 m³，排泄损
失总量为 78521 万 m³（表 3-18）。其中 2008 年、2011 年、2013 年、2014 年、2015
年滴灌淖尔损失水量大于补给水量，2009 年、2010 年、2012 年补给水量大于损
失水量，由于大量的分洪分凌、灌溉水侧渗补给，以及 2012 年特大洪水补给等导
致滴灌淖尔水量增加。这种损失与补给的不规律性说明淖尔蓄水量受气象、分洪
分凌、灌溉用水等自然和人为因素综合影响。计算表明，蒸发损失量占淖尔排泄
总量的 85%～94%，水面蒸发是淖尔水损失的主要途径，淖尔水滴灌时应尽可能
采取必要的工程（深挖等）或管理措施（减少蓄水时间），降低蒸发损失。渗漏损
失量占淖尔排泄总量的 6%～15%，渗漏损失是淖尔水损失的次要途径，淖尔水滴
灌时应充分考虑淖尔水文地质状况，尽量减少蓄水时间，降低渗漏损失。降水补

表 3-18 2008~2016 年河套灌区滴灌淖尔补给、排泄水量平衡表

（单位：万 m³）

年份	蓄水量			蒸发损失量		渗漏损失量		降水补给量		径流补给量		测渗补给量		分凌补给量		分洪补给量		排泄合计	补给合计
	3月	8月	次年3月	灌溉关键期	非关键期	灌溉关键期	非关键期	灌溉关键期	非关键期	灌溉关键期	非关键期	灌溉关键期	非关键期	灌溉关键期	非关键期	灌溉关键期	非关键期		
2008	12541	10092	12118	5082	2670	283	389	1574	334	40	1.64	2916	4585	0	500	0	0	8424	8001
2009	12118	7341	12650	6127	2752	243	350	640	270	38	1.61	1592	6411	0	2000	0	0	9472	10003
2010	12650	8898	14515	5487	2403	269	410	761	503	39	1.65	2005	4229	0	4200	0	0	8569	10434
2011	14515	9309	13990	6415	2661	298	408	461	142	40	1.65	1508	4750	0	3000	0	0	9782	9257
2012	13990	27644	26345	4990	3342	520	945	2333	610	49	2.41	7044	2988	0	0	12120	0	9798	22274
2013	26466	19904	19704	7144	3649	578	693	1138	335	54	2.08	1181	3842	0	300	100	0	12064	5302
2014	19704	15552	18983	5995	3063	441	604	1501	319	49	2.03	2284	4099	0	3000	0	0	10103	9382
2015	18983	14596	18027	6029	3290	420	571	1403	193	48	1.93	2061	6042	0	1250	0	0	10309	9353

注：排泄总量中蒸发损失参照水库蒸发损失公式计算 $\triangle E = E - E_{地}$。

给量占淖尔补给总量的 7%~28%，降水是维持淖尔现状水分循环的因素之一，与水文年关系较为密切，无法作为淖尔水滴灌的补给水源，且对淖尔的存在及形成起不到决定性因素；径流补给量占淖尔补给总量的 0.2%~1%，径流是维持淖尔现状水分循环的因素之一，但其补给量偏小，且与水文年及地形关系较为密切，对淖尔水量及面积影响微小。分凌补给量占补给总量 0~40%，分洪补给量占补给总量 0~54%，分洪、分凌水量虽然年际差异性较大，补给变幅较大，但通过计算过程可知分洪、分凌在淖尔水量及水域面积变化过程中起到主要作用。由于其对可利用淖尔的补给表现出极不确定性、不规律性，且极不稳定，其与上游来水量关系紧密，维持全灌区淖尔基本生态与生产功能的重要水源。侧渗补给量占可利用淖尔补给总量的 45%~95%，年补给量较为稳定，与引黄灌溉水有着密切的关系，它是淖尔存在及形成的决定性因素，从保持淖尔水分循环和农田洗碱压盐需要来看，利用淖尔水进行滴灌后，仍需保持现有秋浇制度及周边一定比例的引黄灌溉面积。

第4章 河套灌区淖尔水质状况及净化过滤技术

4.1 研 究 方 法

4.1.1 样品采集

2015～2016 年，采集河套灌区 156 个典型淖尔夏季水质样品 600 多个，测试指标 8000 个（次），以获得淖尔水质总体状况。2014～2016 年，选择磴口县 15 个典型滴灌淖尔作为水质重点监测区。每年 4 月（灌溉之前）、7 月（灌溉用水高峰期）、11 月（秋浇后）测定水质，获取滴灌淖尔水质年际及季节变化。2015～2016 年，在磴口县、临河区、五原县选取 3 个典型滴灌淖尔作为水质重点监测区。每年 4～11 月连续化验水质状况，获取淖尔水质月变化规律。

4.1.2 水质化验方法

根据《农田灌溉水质标准》（GB5084—2005）和《微灌工程技术规范》（GB/T 50485—2009）的水质要求，对化学需氧量、悬浮物、pH、全盐量、氯化物和重金属、硬度、微生物等主要指标进行了测定，用 2L 有机玻璃采水器取 0～1.0m 深水样，水样采集后分装于若干 500mL 的聚乙烯瓶中（聚乙烯瓶酸洗后 70%酒精消毒处理），运回实验室立即检测。pH 采用玻璃电极法测定，全盐量采用重量法测定，氯化物采用硝酸银滴定法测定，硬度采用 EDTA 滴定法测定。

4.2 淖尔水质状况

4.2.1 超标物含量及比例

1. 水质总体特征

2015～2016 年夏季对河套灌区的 156 个淖尔进行取样，对钙镁离子、碳酸盐、硫酸盐、pH、全盐、硬度、氯化物、COD 等主要指标进行了检测。根据《农田灌溉水质标准》和《微灌工程技术规范》的水质要求，检测结果表明（图 4-1），河套灌区淖尔

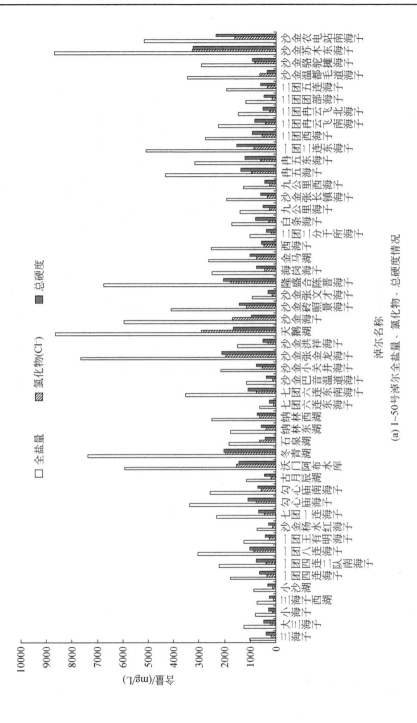

(a) 1~50号淖尔全盐量·氯化物·总硬度情况

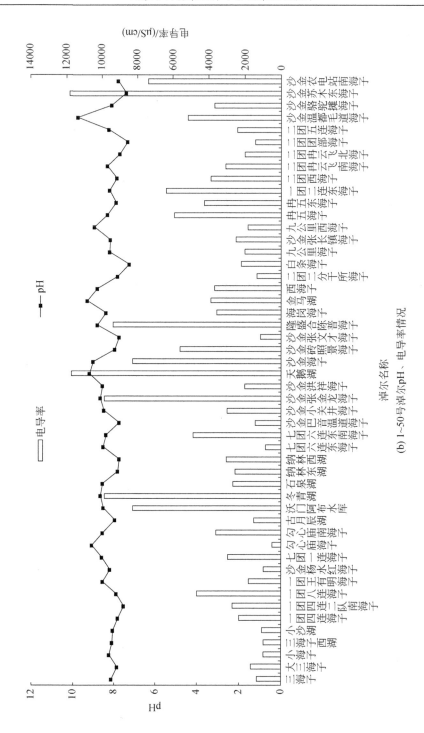

(b) 1~50号淖尔pH、电导率情况

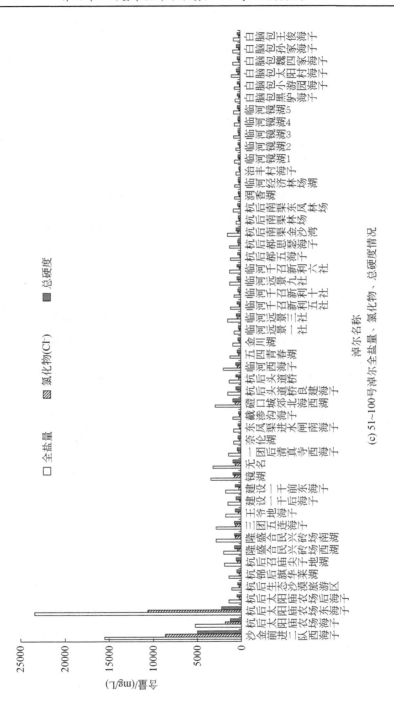

(c) 51~100号淖尔全盐量、氯化物、总硬度情况

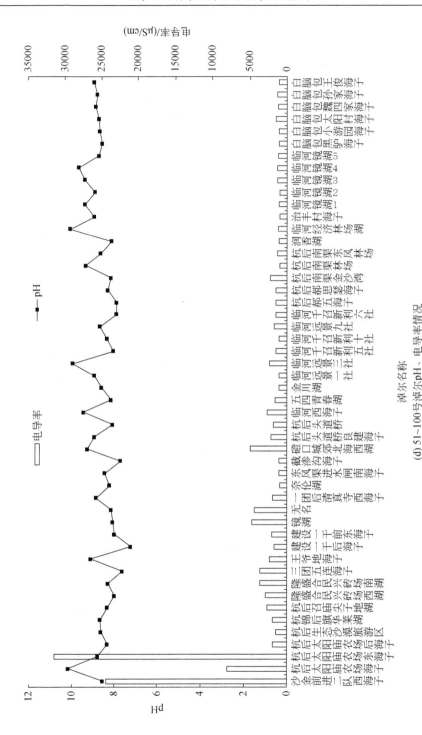

(d) 51~100号淖尔pH、电导率情况

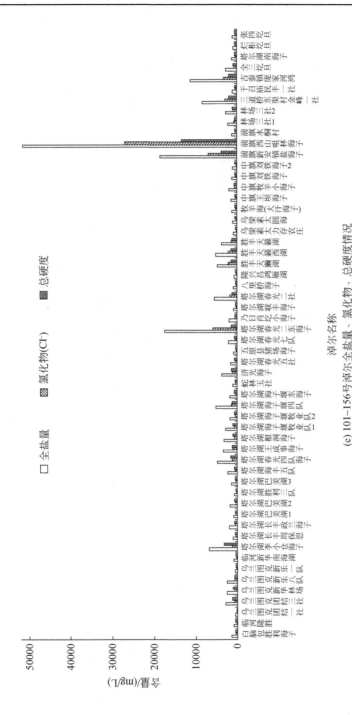

(e) 101~156号淖尔全盐量、氯化物、总硬度情况

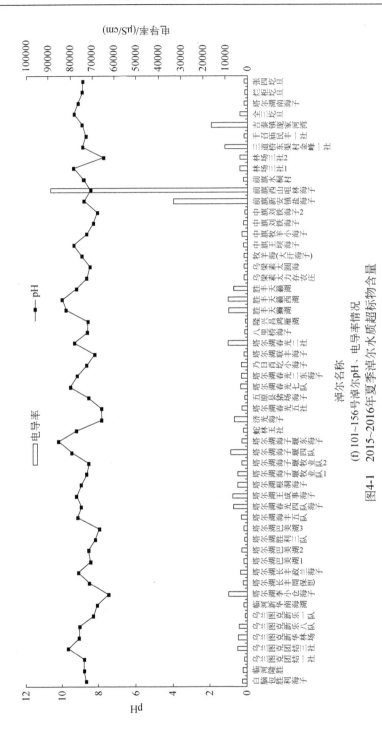

(f) 101~156号淖尔pH、电导率情况

图4-1　2015~2016年夏季淖尔水质超标物含量

水质主要表现为全盐量、pH、硬度、氯化物含量较高。河套灌区淖尔多处于低洼处，天然状态下补给水源主要来自浅层地下水侧向补给、灌溉退水，这些高盐高碱水进入淖尔后经长期积累，导致淖尔水质总体较黄河水质偏差。此外，由于淖尔多养鱼，饲料的添加也对水质产生一定影响。

2. 超标物含量的范围

根据《农田灌溉水质标准》和《微灌工程技术规范》的水质要求，淖尔水质超标物主要为全盐量、pH、硬度、氯化物。

根据 2015～2016 年淖尔水质检测报告对超标物含量统计结果可知，超标物含量区间范围为：全盐量为 502～51571mg/L、pH 为 7.24～10.23、氯化物 106～27030mg/L、硬度 175～13387mg/L、电导率（EC 值）494～89000μS/cm。淖尔分布较为分散，补给排泄、土壤结构等条件差异性较大，因而导致超标物含量变化幅度较大（图 4-1）。

3. 水质类别划分

全盐量在淖尔水超标物指标中处于主导地位，氯化物含量、硬度与全盐量具有相关性，随全盐量的变化而变化。pH 是体现水质酸碱度的主要指标。淖尔水为高盐高碱的灌溉退水、地下水侧向补给汇聚而成，因而盐分含量、pH 高低是区分淖尔水质优劣的特征性指标。根据《农田灌溉水质标准》《微灌工程技术规范》对灌溉水质要求，以全盐量、pH 为主要指标将淖尔水质进行划分。结合内蒙古农业大学屈忠义对河套灌区微咸水（2～5g/L）滴灌研究成果（综合考虑不同作物季土壤盐渍化情况，矿化度≤3g/L 的微咸水适宜于灌溉）。将淖尔水分为四大类 12 种水质（表 4-1）。

表 4-1 淖尔水质分类

分类	序号	指标		
		全盐量/（mg/L）	pH	其他
I 类	1	≤2000	≤8.5	
	2	≤2000	8.5～9	
	3	≤2000	>9	
II 类	4	2000～3000	≤8.5	氯化物>250mg/L、硬度>150mg/L、含有一定量的细菌、藻类
	5	2000～3000	8.5～9	
	6	2000～3000	>9	
III 类	7	3000～5000	≤8.5	
	8	3000～5000	8.5～9	
	9	3000～5000	>9	

续表

分类	序号	指标		
		全盐量/（mg/L）	pH	其他
IV类	10	>5000	≤8.5	氯化物>250mg/L、硬度>150mg/L、含有一定量的细菌、藻类
	11	>5000	8.5~9	
	12	>5000	>9	

4. 超标淖尔蓄水量比例

全盐量≤2000mg/L 淖尔水量（淡水）占采样淖尔水量 53.72%、全盐量 2000～3000mg/L 的水量占 20.27%、全盐量 3000～5000mg/L 的占 9.03%、全盐量＞5000mg/L 的占 16.99%，淡水及微咸水水量占 83.02%，详见图 4-2。

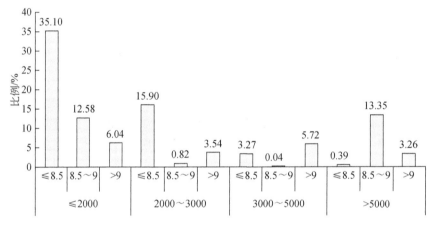

图 4-2　水质超标淖尔蓄水量比例

图中横坐标数字、量、单位同表 4-1

4.2.2　超标物年际变化

2014～2016 年对磴口县 15 个（2016 年增加了 5 个）典型滴灌淖尔春季、夏季、秋季的水质进行检测，重点对典型超标物（全盐量、pH、氯化物、硬度）进行分析，结果表明：全盐量在不同年际间符合标准（≤2000mg/L）淖尔数比例在 60%～80%波动，随着年际间不同季节性变化而变化。2015 年符合标准淖尔数比例较 2014 年、2016 年波动范围较大。pH 在不同年际间符合标准（5.5≤pH≤8.5）的淖尔数比例在 60%～95%波动，波动范围较大。随着年际间不同季节性变化而变化，2016 年符合标准淖尔数比例较 2014 年、2015 年波动范围较大。氯化物在不同年际间符合标准（≤250mg/L）的淖尔数比例在 47%～80%波动，波动范围较大。随着年际间不同季节性变化而变化，2015 年符合标准淖尔数比例较 2014 年、2015 年波动范围较大。硬度在不同年际间大于 300mg/L 的淖尔数比例在 85%以上。随着年际间不同季节性变化略有变化，2014 年、2015 年硬度大于 300mg/L 的淖尔数比例一致，2016 年比例硬度大于 300mg/L 的淖尔数比例分数大于 2014 年、2015 年。淖尔总体水质尚好，但水质年际间变化随机性、不确定较大，含量变化较为剧烈，未见明显规律。各超标物年际变化情况如下。

1. 典型淖尔全盐量年际变化

2014 年春季取样淖尔中全盐量符合标准（≤2000mg/L）的有 9 个，占取样淖尔的 60%；夏季全盐量符合标准的有 11 个，占取样淖尔的 73%；秋季全盐量符合标准的有 10 个，占取样淖尔的 67%，不同时期淖尔全盐量值达标率表现为夏季＞秋季＞春季。春季、夏季淖尔水质为微咸水（全盐量为 2000～5000mg/L）的均占 27%，秋季为 33%。2015 年春季取样淖尔中全盐量符合标准的有 9 个，占取样数的 60%；夏季全盐量符合标准的有 8 个，占取样数的 53%，秋季全盐量符合标准的有 12 个，占取样数的 80%，不同时期全盐量达标率表现为秋季＞春季＞夏季。春季、夏季淖尔水质为微咸水（全盐量为 2000～5000mg/L）均占 33%，秋季为 20%。2016 年春季取样淖尔中全盐量符合标准的有 16 个，占取样数的 80%；夏季全盐量符合标准的有 14 个，占取样数的 70%，秋季全盐量符合标准的有 15 个，占取样数的 75%，不同时期全盐量达标率表现为春季＞秋季＞夏季（图 4-3）。春季、夏季、秋季淖尔水质为微咸水（全盐量为 2000～5000mg/L）分别占 20%、30%、25%。

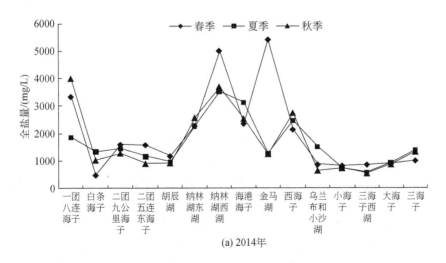

(a) 2014年

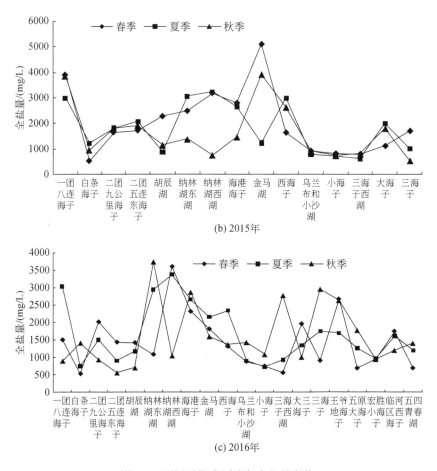

(b) 2015年

(c) 2016年

图 4-3 不同时期典型淖尔全盐量变化

2. 典型淖尔 pH 年际变化

2014 年春季，15 个取样淖尔中符合《农田灌溉水质标准》（GB5084—2005）pH 标准的（5.5≤pH≤8.5）有 11 个，占取样淖尔的 73%；夏季 pH 符合《农田灌溉水质标准》（以下简称标准）的有 14 个，占取样淖尔的 93%；秋季 pH 符合标准有 11 个，占取样淖尔的 73%，不同时期淖尔 pH 达标率表现为夏季>春季=秋季，但大多符合标准。夏季淖尔 pH 大于 8.0 的占 80%，春季、秋季均为 100%。2015 年春季，15 个取样淖尔中 pH 符合标准的 12 个，占取样数的 80%，夏季 pH 符合标准的有 10 个，占取样数的 67%，秋季 pH 符合标准的有 14 个，占取样数的 93%，不同时期 pH 达标率表现为秋季>春季>夏季，但大多符合标准。春季 pH>8.0 的占 93%；夏季为 73%；秋季为 93%。2016 年春季，20 个取样淖尔中 pH 符合标准的有 19 个，占取样数的 95%，夏季 pH 符合标准的有 15 个，占取样数的 75%，秋季 pH 符合标准的有 12 个，占取样数的 60%，不同时期 pH 达标率表现为春季＞夏季＞秋季，但大多符合标准。春季 pH＞8.0 的占 50%；夏季为 80%；秋季为 85%（图 4-4）。

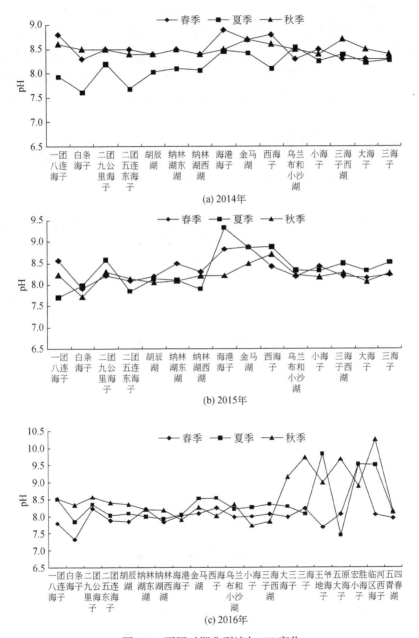

图 4-4　不同时期典型淖尔 pH 变化

3. 典型淖尔氯化物年际变化

2014 年春季、夏季、秋季取样淖尔中氯化物含量符合标准（≤250mg/L）的均为 9 个，占取样淖尔的 60%。2015 年春季取样淖尔中氯化物含量符合标准的有 8 个，占取样数的 53%；夏季氯化物值符合灌溉标准的有 7 个，占取样数的 47%；秋季氯化物含量符合标准的有 12 个，占取样数的 80%。2016 年春季取样淖尔中氯化物含量符合标准的有 15 个，占取样数的 75%；夏季、秋季氯化物值符合灌溉标准的有 12 个，占取样数的 60%；2014 年、2015 年、2016 年不同时期氯化物值达标率分别表现为春季=夏季=秋季、秋季＞春季＞夏季、春季＞夏季=秋季（图 4-5）。

4. 典型淖尔硬度年际变化

根据《微灌工程技术规范》（GB/T 50485—2009），硬度大于 300mg/L 时灌水器堵塞的可能性较高。监测表明，2014 年春季、秋季取样淖尔中硬度大于 300mg/L 的占 93%；夏季硬度大于 300mg/L 的占 87%。2015 年淖尔硬度超标率与 2014 年一致，均为夏季＜春季=秋季。2016 年春季硬度大于 300mg/L 的占 85%，夏季、

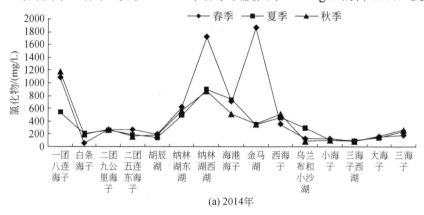

(a) 2014年

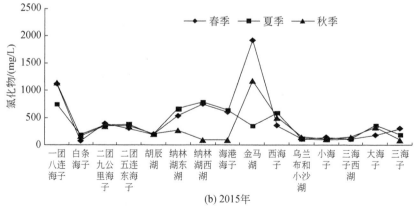

(b) 2015年

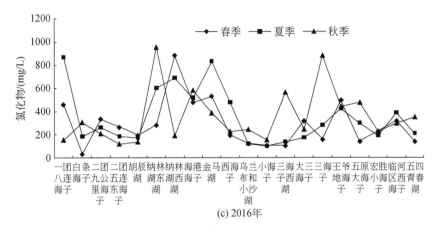

(c) 2016年

图 4-5　不同时期典型淖尔氯化物变化

秋季取样淖尔中硬度大于 300mg/L 的占 100%。2014 年、2015 年、2016 年淖尔硬度值监测结果表明，硬度总体偏高，天然状态下淖尔水对灌水器造成堵塞的可能性较高（图 4-6）。

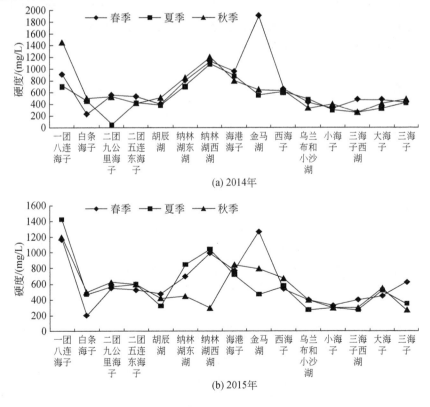

(a) 2014年

(b) 2015年

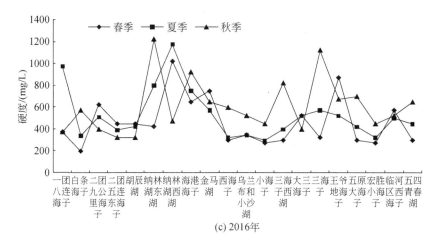

(c) 2016年

图 4-6   不同时期典型淖尔硬度变化

4.2.3   超标物季节变化

2014～2016 年每年选取大、中、小不同类型的 15 个淖尔，春季、夏季、秋季进行水样化验，对不同季节水质超标物（pH、氯化物、全盐量、硬度）进行分析（图 4-7～图 4-10）。结果表明淖尔总体水质尚好，但水质季节变化随机性、不确定较大，超标物含量变化较为剧烈，未见明显规律。但总体差异不大，各指标不同季节变化规律表现如下。

全盐量超标的淖尔个数顺序为春季＞秋季＞夏季；pH 超标的淖尔个数顺序为秋季＞春季＞夏季，但各季节间差异不显著；氯化物超标的淖尔个数顺序为夏季＞春季＝秋季；淖尔硬度超标率均表现为春季＝秋季＞夏季。

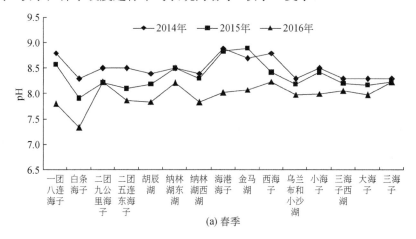

(a) 春季

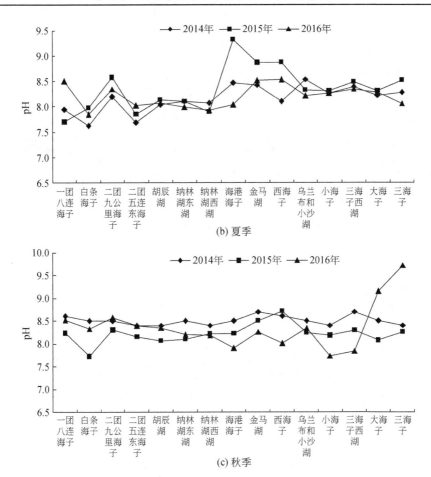

图 4-7　不同季节 pH 变化情况

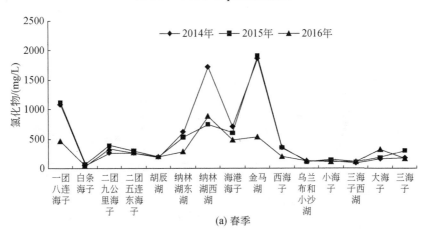

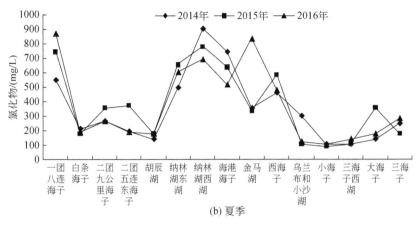

(b) 夏季

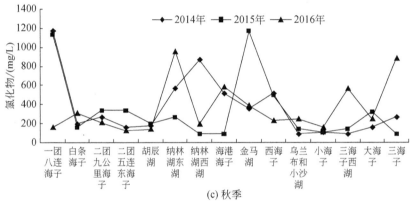

(c) 秋季

图 4-8　不同季节氯化物变化情况

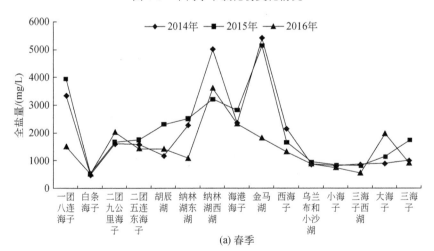

(a) 春季

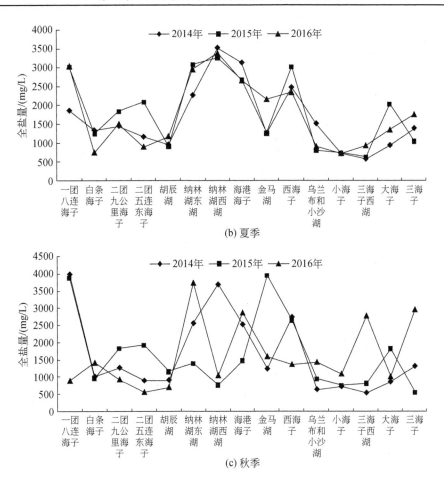

(b) 夏季

(c) 秋季

图 4-9　不同季节全盐量变化情况

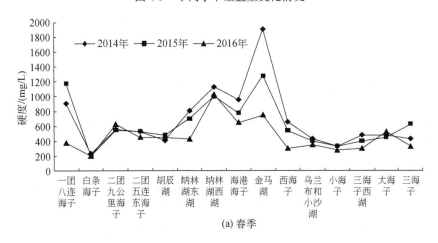

(a) 春季

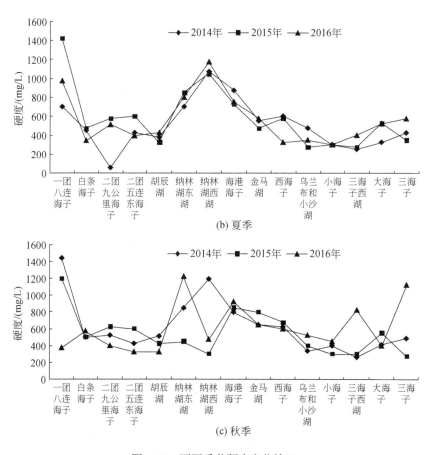

(b) 夏季

(c) 秋季

图 4-10 不同季节硬度变化情况

4.2.4 超标物含量变化原因及过滤净化途径分析

根据《农田灌溉水质标准》(GB5084—2005) 和《微灌工程技术规范》(GB/T 50485—2009) 的要求,河套灌区淖尔水体中全盐量、pH 值、硬度、氯化物含量高。受淖尔水补给排泄途径及数量、水质的影响,淖尔水质年际间未见明显规律;对于补给量小排泄量大的淖尔,其水质变化主要与蓄水量有关,多呈现夏季水质差、秋冬水质转好的变化规律;对于补给量大的淖尔,其水质变化主要与补给水量及其水质有关,分凌分洪水补给时,其水质变好;受灌溉排水等补给时,水质变差。根据河套灌区淖尔水质变化规律的随机性,考虑滴灌水源过滤成本及灌溉时间要求,淖尔水滴灌应从水源、滴灌首部、滴灌带等多个环节进行净化过滤,以保障灌溉水质符合相关要求。在水源处,尽可能利用分凌水等良好水质水进行稀释或采用一定化学方法处理主要超标物;滴灌首部处,应根据不同水质情况采用物理或机械过滤装置阻止超标物进入灌溉系统；在田间，尽量采用抗堵型滴灌带提高灌水均匀度和抗堵性。

4.3　淖尔水与黄河水混配稀释净化技术

4.3.1　混配稀释净化技术

淖尔水体置换少且排水不畅导致一些淖尔水质达不到《农田灌溉水质标准》（GB5084—2005）要求。黄灌水与分凌水水质较好，以河套灌区发达的灌排渠系为基础，湖河连通工程为依托，利用黄河凌汛期的分洪分凌水、夏秋季节时灌溉间隙期丰余水对淖尔水进行混配稀释，可有效改善水质状况。

近年河套灌区对于湿地建设与改造的经验证明了淖尔水混配稀释技术措施行之有效。根据裴承忠等（2016）对乌拉特中旗刘铁海子改造的研究，结果表明：水体置换后，水体全盐含量较建设改造前下降了 20.6%；且建设后水体总磷、总氮、化学需氧量均由以前的劣 V 类提升为 IV 类；其中六价铬、高锰盐酸指数、铜、锌、氟化物等污染性指标含量能够达到国家 I 类或 II 类水质标准要求。

根据以上工程建设经验和方法，本书针对淖尔天然的净化调节优势，分析不同比例黄河水与淖尔水混释后的水质净化效果，结果表明（表 4-2），黄河水与淖尔水混配后可降低盐分、氯化物、硬度，盐分含量的降低程度尤为明显，但对 pH 调节作用并不明显。淖尔氯化物、硬度混释后降低幅度较大，但仍未达到相关标准值或在一定适用范围内，还需利用药剂法或过滤设备作进一步的调节处理。

表 4-2　黄灌水、分凌水水质状况

样品名称	pH	电导率/（mS/cm）	悬浮物/（mg/L）	COD/（mg/L）	Cl^-/（mg/L）	Ca^{2+}/（mg/L）	Mg^{2+}/（mg/L）	矿化度/（mg/L）	总硬度/（mg/L）
黄灌水	8.4	1.719	2	13.2	212.7	80.2	91.1	934	575.5
分凌水	8.03	1.423	43	19.6	124.1	72.3	82.5	886	446.2

1. 黄河水与淖尔水混配后水质变化

根据淖尔水超标物及比例划分结果，选取 11 个典型淖尔于夏季（2016 年 8 月，水质最差时）进行取样，取样深度 0~1.5m，典型淖尔水质分类见表 4-3。考虑到淖尔补水方案中引黄补给量与淖尔水量间的关系，将黄河水与淖尔水量混释，比例分别设置为：0.05：1、0.1：1、0.2：1、0.4：1、0.6：1。混释后测定淖尔水全盐量、pH、硬度、COD、悬浮物、浊度等指标变化情况。通过不同混释比例情况下各指标变化对混释效果的响应，综合考虑淖尔补水的可靠性及经济性，结果表明 I 类淖尔水混释适宜比例为 0.1：1～0.2：1，II 类淖尔水混释适宜比例为 0.2：1～0.4：1；III 类淖尔水混释适宜比例为 0.4：1～0.6：1，IV 类淖尔水混释适宜比例为 0.6：1 以上（表 4-4）。在保证率允许的条件下，可依托湖河连通工程加大分凌水、引黄水等补给水源的补给量、补给频率，形成补—用—排循环模式，可使淖尔水体得到有效的置换。对各指标影响分析及变化情况详情分析如下。

表 4-3 典型淖尔水质分类

水质类别	全盐量/（mg/L）	pH	淖尔名称
I 类	≤2000	≤8.5	小沙湖
	≤2000	8.5～9	九公里海子
	≤2000	>9	王爷地海子
II 类	2000～3000	≤8.5	纳林湖
	2000～3000	8.5～9	七团一连海子
	2000～3000	>9	金马湖
III 类	3000～5000	≤8.5	沙金砖照海子
	3000～5000	>9	沙金温都尔毛道海子
IV 类	>5000	≤8.5	沙金苏木移民村东海子
	>5000	8.5～9	沙金张金龙海子
	>5000	>9	沙金海子

注：在分类中，全盐量 2000～3000，pH 8.5～9 的淖尔因水量、占比均较少，忽略不计，下同。

表 4-4 不同淖尔水适宜混释比例

水质类别	全盐量/（mg/L）	pH	混释比例（水量配比）
I 类	≤2000	≤8.5	
	≤2000	8.5～9	0.1：1～0.2：1
	≤2000	≥9	
II 类	2000～3000	≤8.5	
	2000～3000	8.5～9	0.2：1～0.4：1
	2000～3000	>9	
III 类	3000～5000	≤8.5	0.4：1～0.6：1
	3000～5000	>9	
IV 类	>5000	≤8.5	0.6：1 以上
	>5000	8.5～9	此部分水考虑到补水成本、损失及占有量且不包涵于滴灌淖尔水量中，可不予以开发利用
	>5000	>9	

根据不同水质条件下典型淖尔混释比例对水质的影响检测结果，黄河水与淖尔水的混释一定程度上提高了水体中的悬浮物（悬浮固体）、浊度（不溶固体）浓度，优于《微灌工程技术规范》（GB/T50485—2009）规定的 50mg/L [《农田灌溉

水质标准》（GB5084—2005）200mg/L]、150mg/L 限值水平，对作物及灌水器的影响程度几乎不存在。混释也有效降低了淖尔水体中 COD 浓度，浓度值低于《农田灌溉水质标准》要求值（3000mg/L）。

不同比例混释对 pH 影响较小，当水体的 pH 升高时，HCO_3^- 有转化为 CO_3^{2-} 的倾向，当含高浓度重碳酸盐的灌溉水进入土壤溶液后，随着溶液浓度增加，重碳酸盐部分转化为碳酸盐而使 Ca^{2+}、Mg^{2+} 离子沉淀（Farouk and Hassan，2003），这样就造成了钙、镁元素的减少和钠元素的增加，从而引起碱化。加酸可以降低 pH 和防止钙、镁离子沉淀。

淖尔水质全盐量≤2000mg/L、pH≤8.5，将黄河水按 0.1：1～0.2：1 水量比例与之混释，能够有效降低水体中全盐量、硬度；淖尔水质全盐量 2000～3000mg/L、pH≤8.5，将黄河水按 0.2：1～0.4：1 水量比例与之混释，都能够使全盐量降低到 2000mg/L 达到农田灌溉水质标准；淖尔水质全盐量 3000～5000mg/L、pH≤8.5，将黄河水按 0.6：1 水量比例与之混释，使全盐量能够降低到 3000mg/L 以下，有研究表明（张钟莉，2016）微咸水电导率会在一定程度上影响灌水器化学堵塞的发生过程与堵塞分布特征，建议河套灌区微咸水滴灌系统适宜电导率应低于 4.0dS/m（全盐量约为 3000mg/L）；淖尔水质全盐量 5000mg/L 以上时，将黄河水按 0.6：1 水量比例与之混释，全盐量仍高于 3000mg/L，这一部分淖尔水质 pH 都在 8.5 以上，混释很难有效降低盐碱度，考虑黄灌水补给的损失、净化成本及补给水源可靠性，此部分水量占取样淖尔水量比例较小（16.99%），因而该部分淖尔水量不作为水源发展滴灌（表 4-5）。

表 4-5　不同水质条件下典型淖尔混释比例对水质的影响

淖尔名称	混释比例	pH	全盐量/（mg/L）	总硬度/（mg/L）	COD/（mg/L）	浊度（NTU）	悬浮物/（mg/L）
小沙湖	淖尔水	8.36	839	425.4	15.8	6.56	12
	0.05：1	8.31	783	375.3	16.2	23.7	25
	0.1：1	8.38	807	425.4	15.8	17.5	16
	0.2：1	8.39	783	375.3	10.6	20.3	22
	0.4：1	8.42	785	350.3	11.7	23.6	28
	0.6：1	8.46	759	375.3	9.4	35.7	31
九公里海子	淖尔水	8.17	1500	575.5	46.8	7.28	11
	0.05：1	8.31	1382	550.5	30	14.6	13
	0.1：1	8.52	1371	500.5	27.7	16.8	18
	0.2：1	8.56	1357	525.5	25.1	21.3	22
	0.4：1	8.57	1237	500.5	20.6	31.6	30
	0.6：1	8.56	1198	525.5	21.7	43.8	37

续表

淖尔名称	混释比例	pH	全盐量/（mg/L）	总硬度/（mg/L）	COD/（mg/L）	浊度（NTU）	悬浮物/（mg/L）
王爷地海子	淖尔水	8.06	1488	600.5	27.9	5	5
	0.05∶1	8.07	1510	625.6	33.2	27.4	21
	0.1∶1	8.03	1506	600.5	33.6	25.7	18
	0.2∶1	8.05	1281	500.5	25.5	32.7	27
	0.4∶1	8.03	1154	500.5	24	55.6	39
	0.6∶1	7.96	1317	525.5	34.4	35.5	32
纳林湖	淖尔水	8.14	3086	1076	42.9	8.65	10
	0.05∶1	8.19	2816	975.9	41.3	10.1	11
	0.1∶1	8.18	2607	800.7	35.4	12.7	11
	0.2∶1	8.2	2327	900.8	34.6	32	22
	0.4∶1	8.19	2295	750.7	33.1	18.9	16
	0.6∶1	8.23	2141	725.7	30.7	30.5	20
七团一连海子	淖尔水	8.93	2149	650.6	69	11.1	8
	0.05∶1	8.94	2009	700.6	62.7	25.5	12
	0.1∶1	8.93	2040	600.5	59.9	26.8	13
	0.2∶1	8.92	1703	575.5	44.4	41	20
	0.4∶1	8.89	1601	525.5	40.9	55.2	32
	0.6∶1	8.72	1338	450.4	38.5	104	39
金马湖	淖尔水	9.05	3051	1101	64.2	35.9	18
	0.05∶1	9.09	2691	1076	63.1	58.2	26
	0.1∶1	9.11	2643	1025.9	60.7	45.6	19
	0.2∶1	9.11	3064	850.8	64.4	47.1	21
	0.4∶1	9.04	2078	675.6	52.2	45.4	20
	0.6∶1	8.88	1219	525.5	51.4	49.2	23
沙金砖照景海子	淖尔水	8.31	3565	1201.1	61.4	6.28	4
	0.05∶1	8.31	3238	1176.1	41.2	6.83	5
	0.1∶1	8.33	3078	1151	35.1	7	5
	0.2∶1	8.39	2543	875.8	34.7	20.9	13
	0.4∶1	8.38	2505	950.9	34.3	18.2	12
	0.6∶1	8.39	2238	900.8	32.3	37.4	23

续表

淖尔名称	混释比例	pH	全盐量/（mg/L）	总硬度/（mg/L）	COD/（mg/L）	浊度（NTU）	悬浮物/（mg/L）
温都尔毛道海子	淖尔水	8.63	3876	1451.3	49.6	4.81	5
	0.05：1	8.66	3718	1301.2	47.1	8.11	9
	0.1：1	8.67	3492	1226.1	46.7	10.7	9
	0.2：1	8.71	3062	1151	43.1	16.4	12
	0.4：1	8.72	2952	1076	42.2	23.7	14
	0.6：1	8.72	2026	825.7	41.9	72.7	32
沙金移民村东海子	淖尔水	8.54	9657	2302.1	91.7	3.64	3
	0.05：1	8.4	9308	2202	71.1	10.8	7
	0.1：1	8.51	8771	2452.2	69.6	7.76	5
	0.2：1	8.56	7722	2452.2	69.5	11.2	8
	0.4：1	8.57	6569	2702.4	67.9	15.8	10
	0.6：1	8.55	4935	2452.2	51.7	22.9	13
沙金张金龙海子	淖尔水	8.86	7169	2202	61.9	1.26	3
	0.05：1	8.87	6378	1951.8	56.3	7.78	9
	0.1：1	8.93	6747	1876.7	58.7	15.9	13
	0.2：1	8.86	5039	1576.4	40.5	16.7	14
	0.4：1	8.9	4587	1526.4	38.9	27	20
	0.6：1	8.92	3706	1076	31.7	44.9	24
沙金海子	淖尔水	9.11	5847	975.9	216.6	26.4	18
	0.05：1	9.16	5589	850.8	196	48.7	25
	0.1：1	9.15	5037	825.7	180.2	76	32
	0.2：1	9.11	4117	700.6	169.4	93.2	35
	0.4：1	9.07	4000	700.6	164.7	91.9	33
	0.6：1	9.02	3108	650.6	135.5	176	40

2. 降水补给后水质指标的变化规律

为了进一步证实水质较好的补给水源混释后对淖尔超标物含量后期的影响效果。对降水补给后水质指标的变化规律进行了分析（图 4-11）。

磴口县 2016 年 8 月 16 日、17 日有一次大的降水（60mm），对淖尔进行了补给。根据监测，磴口县 2016 年夏季滴灌可利用淖尔面积 72.53km^2（108795 亩）、水量 10013 万 m^3，而此次降水对滴灌可利用淖尔补水量约为 435 万 m^3，整体混释比例约为 0.04：1。选取大、中、小滴灌可利用淖尔 10 个。分别在降水补给后

10 天、20 天、30 天、40 天进行取样检测，观测淖尔补水后各超标物含量变化情况。结果表明补水稀释作用可有效降低超标物含量，缩小了各超标物含量波动范围，特别是全盐量、pH 基本稳定在 3000mg/L 以下和 8.0 左右，具体分析如下。

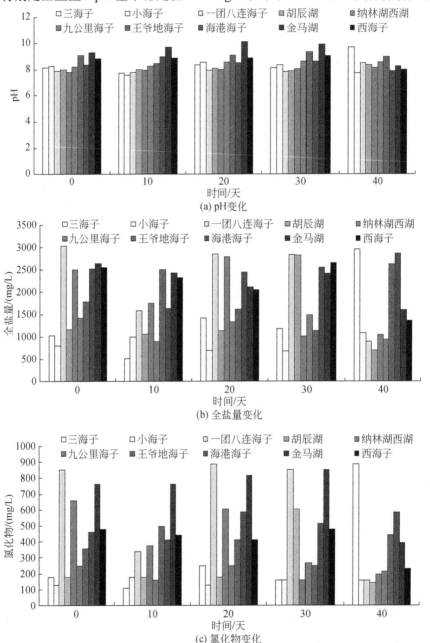

(a) pH变化

(b) 全盐量变化

(c) 氯化物变化

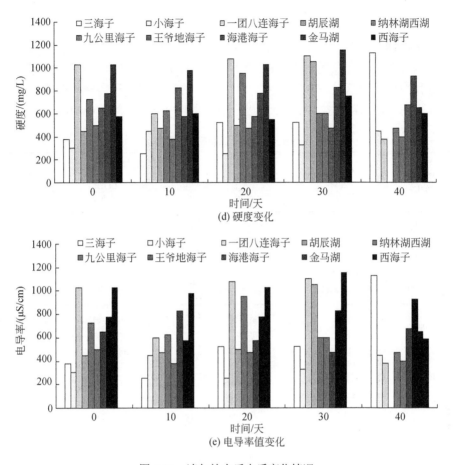

图 4-11　淖尔补水后水质变化情况

淖尔水中 pH 始终保持在 8.0 左右，全盐量为 200～3000mg/L，电导率为 1000～4000μS/cm，硬度为 200～1000mg/L，氯化物为 200～800mg/L，可见各物质含量空间仍然分布不均，变化幅度较大，一些淖尔的部分指标值仍超过了标准所规定的范围。

4.3.2　混释净化后处理技术

1. 净化后水质状况

混释净化可降低盐分、氯化物含量、硬度，盐分含量的降低程度尤为明显，但对 pH 调节作用并不明显。不同水质淖尔混配稀释后水质总体特征为：全盐量≤3000mg/L、8.0＜pH＜9.11；氯化物含量、硬度虽有所降低，仍大于《农田灌溉水质标准》（GB5084—2005）、《微灌工程技术规范》（GB/T50485—2009）中所规定的最大值 250mg/L（氯化物）、350mg/L（硬度）。根据微咸水滴灌相关研究成果，综合考虑作物影响及土壤盐分积累影响，矿化度≤3g/L（全盐量≤3000mg/L）微咸水适宜进行灌溉。只需对未达标的淖尔水中的 pH、氯化物、硬度进一步处理。对于混释净化后全盐量＞3000mg/L、pH＞8.5 的淖尔水，还需利用药剂处理法、多介质过滤+JREDR 对盐分、pH 作进一步的处理（表4-6、表4-7）。

表 4-6　混释净化后淖尔水质情况

水质类别	全盐量/（mg/L）	pH	混释比例（水量配比）	混释净化后水指标						
				pH	全盐量/（mg/L）	总硬度/（mg/L）	氯化物/（mg/L）	COD/（mg/L）	浊度/NTU	悬浮物/（mg/L）
I 类	≤2000	≤8.5	0.1：1～0.2：1	8.31～8.46	759～807	350～425	250～325	9.4～16.2	17.5～35.7	16～38
	≤2000	8.5～9		8.31～8.57	1198～1382	500～525	750～821	20.6～30	14.6～43.8	13～37
	≤2000	＞9		7.96～8.07	1154～1510	500～625	490～611	34～34.4	35.5～55.6	18～39
II 类	2000～3000	≤8.5	0.2：1～0.4：1	8.18～8.23	2141～2816	725～975	715～986	30.7～41.3	10.1～30.2	11～20
	2000～3000	8.5～9		8.72～8.94	1338～2109	450～700	355～698	38.5～62.7	25.5～104	12～39
	2000～3000	＞9		8.88～9.11	1219～2691	525～1076	563～1102	51.4～64.4	45.4～58.2	19～26
III 类	3000～5000	≤8.5	0.4：1～0.6：1	8.31～8.39	2238～3238	875～1176	675～1076	32.3～41.2	6.83～37.4	5～23
	3000～5000	＞9		8.66～8.72	2026～3178	825～1301	701～1201	41.9～47.1	8.11～72.7	9～32
IV 类	＞5000	≤8.5	0.6：1 以上							
	＞5000	8.5～9	此部分水考虑到补水成本、损失及占有量，且不包含于滴灌利用淖尔水量中，可不予以开发利用							
	＞5000	＞9								

表 4-7　混释后淖尔水中主要离子含量情况

混释比例	pH	Ca²⁺/（mg/L）	Mg²⁺/（mg/L）	Cl⁻/（mg/L）	总硬度/（mg/L）
黄河水	8.4	80.2	91.1	212.7	575.5
淖尔水	8.57	20	176.2	478.6	775.7
0.2：1	8.6	40.1	133.7	390	650.6
0.5：1	8.58	45.1	130.6	372.2	650.6
0.8：1	8.57	50.1	127.6	354.5	650.6
1：1	8.57	50.1	115.4	372.2	600.5
1.2：1	8.58	50.1	133.7	336.8	675.6

pH 主要用于衡量灌溉水的酸碱度。灌溉水中 pH 的变化会引起铁和钙等离子的沉淀。Buck 认为 pH 大于 8 时灌水器将产生严重的堵塞问题。《微灌工程技术规范》（GB/T50485—2009）中规定，pH 应在 5.5～8.0 范围内。硬度是 Ca^{2+}、Mg^{2+} 浓度的度量参数。Pitts 等（1990）和 Craig（1995）等认为微灌水的硬度小于 150mg/L 不会产生堵塞，而大于 300mg/L 将引起灌水器严重堵塞。pH 大于 8 时，钙和镁的浓度为 20～30mg/L，就会发生沉积（张明炷和石秀兰，1989）。经淖尔水混释试验数据可知，混释后水质：pH 大于 8，Ca^{2+}、Mg^{2+} 浓度在 30mg/L 以上。与物理堵塞中悬浮固体物不同，它是对所有由化学反应产生沉淀的度量，如钙元素通常是以 $Ca(HCO_3)_2$ 的形式存在于灌溉水中，pH 和温度的升高，都会减小 Ca^{2+} 的溶解度，从而产生 $CaCO_3$ 沉淀（Pitts et al.，1990）。当水体的 pH 升高时，HCO_3^- 有转化为 CO_3^{2-} 的倾向，当含高浓度重碳酸盐的灌溉水进入土壤溶液后，随着溶液浓度的增加，重碳酸盐部分转化为碳酸盐而使 Ca^{2+}、Mg^{2+} 离子沉淀（Farouk and Hassan，2003），这样就造成了钙、镁元素的减少和钠元素的增加，从而引起碱化。

2. 处理方法

1）药剂法

考虑到现场实际条件，增加全套系统工艺构筑物比较困难，可按以下流程（图 4-12）进行简易工艺布局对净化后淖尔水进一步处理。

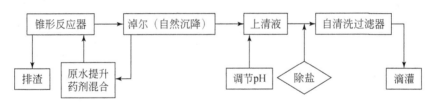

图 4-12　工艺流程图

上述工艺中，反应器设计为倒锥形，锥角 30°，设计停留时间一般为 20 分钟，辅助设备应考虑设计加药池 2 座。自清洗过滤器具有运行控制简单，占地面积小，维护方便等优点，可根据工艺需求选择适合的过滤精度，如需要，可按级配顺序安装一套或多套。

A. 降硬度

对硬度的去除常用的药剂软化法为石灰法、石灰-纯碱法与石灰-石膏法，常用设备为锥型反应器。药剂法对硬度的去除比较有效，工艺相对简单、造价低。

石灰软化法又称石灰纯碱软化法，即在硬水中加入消石灰，使水中的镁生成氢氧化镁沉淀；加入碳酸钠，使水中的钙生成碳酸钙沉淀，硬水即变为软水，利用这种方法可使水中钙浓度降低到 10～35mg/L。其化学反应式如下：

$$CaSO_4+Na_2CO_3 \rightarrow CaCO_3\downarrow +Na_2SO_4$$
$$CaCl_2+Na_2CO_3 \rightarrow CaCO_3\downarrow +2NaCl$$
$$MgSO_4+Na_2CO_3 \rightarrow MgCO_3+Na_2SO_4$$
$$MgCO_3+Ca（OH）_2 \rightarrow CaCO_3\downarrow +Mg（OH）_2\downarrow$$

根据以上反应式，若要将出水总硬度降至 300mg／L 以下，可依据原水的不同钙镁离子含量，计算出理论投加值，在实际生产中的投药量应略高于理论投药量。

B. pH 调节

在调节 pH 环节，由于投加酸类的不同，可能会造成氯化物或硫酸盐的升高，应根据实际水样进行中试，确定投酸种类。酸能和水中产生沉淀化学物质发生反应，使沉淀消失或预防沉淀。酸的种类主要有盐酸、硫酸、磷酸。酸用量的多少与所使用的酸的种类、浓度，以及水中的 pH、需要处理水量的多少等有关，必须经过计算确定，具体应用时参考更详细的资料。

调节 pH，使用盐酸为例。那么如何确定盐酸的量？下面举例说明。以三海子、小海子水样为例，对其进行采样后，带回实验室，进行混释净化后酸处理试验。混释后水质为：pH 为 7.3，TDS 为 507mg/L，COD 为 2.24mg/L，阴阳离子浓度见表 4-8。

表 4-8　混释净化后淖尔水质阴阳离子浓度情况

阴离子			阳离子		
名称	mg/L	mmol/L	名称	mg/L	mmol/L
SO_4^{2-}	99.23	1.01	Mg^{2+}	23.69	0.99
NO_3^-	10.97	0.18	Ca^{2+}	76.0	1.9
SiO_3^{2-}	15.58	0.21	Na^+	74.22	3.23
Cl^-	68.27	1.92			
HCO_3^-	268.4	4.4			
合计	462.44	7.72	合计	173.91	6.12

试计算把原水 pH 调节为《农田灌溉水质标准》（GB5084—2005）要求的最低值 7 时需要的加酸量及酸化后的溶解固形物含量，计算过程如下：

考虑活度系数时

$$K_1=f_1［H^+］f_1［HCO_3^-］／［H_2CO_3^*］$$

式中，K_1 为碳酸的一级电离平衡常数；$［H_2CO_3^*］$ 为溶解 CO_2 和 H_2CO_3 浓度之和；f_1 为 1 价离子活度系数。

C.降盐分、降氯化物

药剂处理后水体会导致其盐分离子进一步升高，因此进入滴灌系统前需进行脱盐、降氯化物处理，可采用比较成熟的反渗透或树脂工艺。

2）多介质过滤+JREDR 系统方法

如经济条件允许，可利用多介质过滤装置+JREDR 电渗析装置系统进行净化（图 4-13），出水水质：pH 6.5～8.5、全盐量≤2000mg/L、氯化物≤250mg/L、硬度（以 CaCO₃ 计）≤150mg/L，系统脱盐率为 50%以上。淖尔水经泵提升进入多介质过滤器，去除水中的悬浮物、浊度、胶体等。产水进入 JREDR 电渗析脱盐装置，电渗析产水进入产水池，满足农田灌溉要求，浓水外排。系统内各控制点由 PLC（可编程控制器）控制，以实现整个系统的全自动运行。PLC 根据工艺程序需要控制阀门的开启、关闭；根据液位的高低控制各泵的启停；压力和液位的高低有预警；出现故障无人处理时，PLC 可实现自动顺序关闭所有气动阀门、泵、设备，直至切断电源。

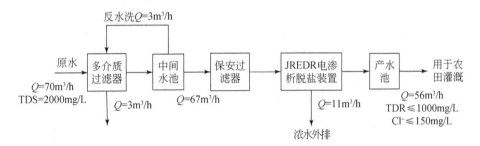

图 4-13　多介质过滤装置+JREDR 电渗析装置系统工艺流程图

多介质过滤器是利用石英砂和无烟煤为过滤介质，水中悬浮物由于吸附和机械阻流作用被滤层表面截留下来；当水流进滤层中间时，由于滤料层中的砂粒排列的更紧密，水中微粒有更多的机会与砂粒碰撞，于是水中凝絮物、悬浮物和砂粒表面相互黏附，水中杂质截留在滤料层中，从而得到澄清的水质。经过过滤后的出水悬浮物可在 5mg/L 以下。

JREDR 脱盐系统在直流电场的作用下，利用离子交换膜的选择透过性（图 4-14），即阳膜只允许阳离子通过阻止阴离子通过，而阴膜只允许阴离子通过阻止阳离子通过，把带电组分和非带电组分进行分离。阳膜和阴膜交替排列在正负两个电极之间，相邻的两种膜用隔板隔开，水在隔板间流动，通过加电使水中阴阳离子在电场作用下分别向正负两极迁移，由于离子交换膜的选择透过性，从而在隔板层间形成浓水室和淡水室，实现了水与盐的分离。

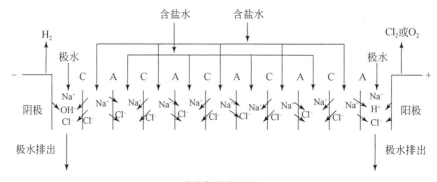

电渗析除盐原理
C—阳膜；A—阴膜

图 4-14　电渗析工作原理

4.4　首部过滤技术

根据微咸水滴灌相关研究成果（王全九和单鱼洋，2015；王丹等，2007；虎胆·艾合买损等，2016），综合考虑作物影响及土壤盐分积累影响，矿化度≤3g/L（全盐量≤3000mg/L）微咸水适宜进行灌溉。混释净化后水体全盐量≤3000mg/L、pH≤8.5 的淖尔水，可直接经过滤设备进入系统进行灌溉。混释后水质还含有一定藻类、微生物、杂质（泥沙）、有机质。经过水质分析及过滤模式筛选，结果表明较适宜该条件下的过滤模式为：丝网（50 目）+砂石过滤器（滤料粒径 0.9mm）+叠片式过滤器（120 目）。过滤后水体仍含有少许的微生物、藻类，对长时间运行的滴灌系统及灌水器还会造成堵塞的可能，目前根据课题组中国农业大学、内蒙古自治区水利科学研究院对不同类型灌水器抗堵塞性能筛选推荐结果可知，内镶贴片式具有良好的抗堵塞性能，完全能够适用于淖尔水质，满足现有主要作物（玉米、葵花）的灌溉及系统运行需求，一些国外品牌内镶贴片式表现出更为良好的效果，本书中也对其推荐结果进行了田间示范验证。

4.4.1　首部取水水质状况

经淖尔天然净化调节下，补水后水体泥沙含量降至 0.04～0.08kg/m³，颗粒级配为：0.1～0.3mm 占 7%，0.035～0.1mm 占 28%，小于 0.035mm 占 65%，悬浮物含量 4～39mg/L，COD 含量 9.4～69mg/L，可满足滴灌要求。通过对 5 个主要典型淖尔灌溉期内水质较差 2017 年的 6～8 月进行取样测试，依据国家环境保护总局编 2016 年出版的《水和废水监测分析方法》规范要求测定（表 4-9～表 4-12）。

可知，淖尔水细菌个数 6 月为 1700～150000 个/mL、7 月为 330～28000 个/mL、8 月为 670～38000 个/mL。5 个典型淖尔，淖尔水 6 月共检出浮游藻类 9 门 185 种，硅藻种类最多（35.7%），其次是绿藻（24.3%）、蓝藻（20.5%）；7 月共检出浮游藻类 8 门 150 种，绿藻种类最多（42%），其次是硅藻（28%）、蓝藻（18%）；8 月共检出浮游藻类 8 门 220 种，硅藻种类最多（33.6%），其次是绿藻（31.4%）、蓝藻（20%）。淖尔水体中藻类以硅藻、绿藻组成为主，这两种藻类的组成可以稳定水质，表明淖尔水没有被污染偏碱性；且可有效降低水中氨氮含量，提高溶氧量，适宜鱼类等水产品的养殖。

根据相关研究成果（薛英文等，2007；杨振杰等，2005；许翠平等，2002；赵和峰和李光永，2004）细菌数量达到 50000 个/mL 时，灌水系统将严重堵塞；细菌数 10000～50000 个/mL 时，灌水器发生堵塞程度为中度；细菌数 10000 个/mL 以下时，灌水器发生堵塞程度为轻度。综合考虑成本及对滴灌系统堵塞的程度，结合不同淖尔微生物及藻类变化情况做进一步处理。

表 4-9　作物生育期淖尔水微生物情况　　　　　　（单位：个/mL）

取样时间	测定菌	淖尔				
		三海子	王爷地	金马湖	青春湖	五原小海子
6 月	细菌	5.3×10^3	1.7×10^3	9.3×10^3	1.5×10^5	1.2×10^5
	霉菌	2.5×10^5	3.7×10^3	1.7×10^4	9.3×10^4	2.0×10^5
	放线菌	1.2×10^5	3.7×10^3	2.3×10^4	9.8×10^4	8.0×10^4
7 月	细菌	2.1×10^4	1.3×10^3	2.8×10^4	2.1×10^4	3.3×10^2
	霉菌	2.1×10^7	3.3×10^4	8.9×10^4	1.2×10^4	1.2×10^6
	放线菌	6.7×10^4	3.6×10^4	1.7×10^4	7.7×10^4	1.2×10^4
8 月	细菌	1.3×10^4	1.0×10^4	1.5×10^4	3.8×10^4	6.7×10^2
	霉菌	2.0×10^3	1.2×10^4	5.0×10^5	4.6×10^4	4.7×10^3
	放线菌	3.1×10^4	1.8×10^4	2.7×10^5	8.7×10^3	2.0×10^5

表 4-10　淖尔水 6 月藻类情况　　　　　　（单位：个/L）

取样时间	门	属	种	淖尔水样				
				三海子	王爷地	金马湖	青春湖	五原小海子
6 月	绿藻门	19	45	1761795	72471	603925	564774	1187025
				属：7 种：12	属：12 种：18	属：8 种：18	属：10 种：19	属：12 种：22
	硅藻门	14	66	1028755	95795	491470	642243	437325
				属：12 种：33	属：10 种：21	属：12 种：27	属：10 种：26	属：7 种：17

取样时间	门	属	种	淖尔水样				
				三海子	王爷地	金马湖	青春湖	五原小海子
6月	蓝藻门	12	38	104125	144109	308210	44149	15410500
				属:7种:11	属:8种:12	属:7种:14	属:8种:14	属:8种:15
	隐藻门	4	6	16660	2499	0	242403	270725
				属:3种:3	属:1种:1	属:0种:0	属:1种:1	属:1种:2
	金藻门	5	6	87465	0	12495	16660	170765
				属:2种:2	属:0种:0	属:1种:2	属:2种:2	属:3种:3
	裸藻门	3	13	4165	9996	4165	49147	304045
				属:1种:1	属:2种:4	属:1种:1	属:2种:3	属:2种:6
	黄藻门	2	6	0	13328	0	21658	245735
				属:0种:0	属:2种:3	属:0种:0	属:2种:5	属:2种:5
	甲藻门	3	5	20825	0	4165	3332	154105
				属:1种:2	属:0种:0	属:1种:1	属:1种:1	属:1种:2
	共计	62	185	3023790	338198	1424430	1584366	18180225
				属:33种:64	属:35种:59	属:30种:63	属:36种:71	属:36种:72

表4-11 淖尔水7月藻类情况 （单位：个/L）

取样时间	门	属	种	淖尔水样				
				三海子	王爷地	金马湖	青春湖	五原小海子
7月	绿藻门	26	63	1777622	329035	943789	281554	608090
				属:22种:46	属:12种:16	属:13种:21	属:13种:20	属:11种:21
	硅藻门	12	42	2397374	209083	1247834	190757	675563
				属:11种:32	属:5种:12	属:7种:18	属:7种:15	属:6种:14
	蓝藻门	11	27	388178	189091	927129	319872	615587
				属:6种:12	属:6种:9	属:9种:15	属:4种:9	属:4种:10
	隐藻门	1	1	0	26656	6664	0	0
				属:0种:0	属:1种:1	属:1种:1	属:0种:0	属:0种:0
	金藻门	5	6	372351	29988	18326	14161	26656
				属:3种:4	属:2种:2	属:1种:1	属:2种:2	属:1种:1
	裸藻门	3	7	4165	14161	29155	0	0
				属:1种:1	属:3种:4	属:1种:2	属:0种:0	属:0种:0

续表

取样时间	门	属	种	淖尔水样				
				三海子	王爷地	金马湖	青春湖	五原小海子
7月	黄藻门	1	2	24990	23324	63308	0	41650
				属：1 种：2	属：1 种：1	属：1 种：1	属：0 种：0	属：1 种：1
	甲藻门	1	2	4998	4998	19159	0	0
				属：1 种：2	属：1 种：1	属：1 种：1	属：0 种：0	属：0 种：0
	共计	60	150	4969678	826336	3255364	806344	1967546
				属：45 种：99	属：31 种：46	属：34 种：60	属：26 种：46	属：23 种：47

表 4-12　淖尔水 8 月藻类情况　　　（单位：个/L）

取样时间	门	属	种	淖尔水样				
				三海子	王爷地	金马湖	青春湖	五原小海子
8月	绿藻门	25	69	1736805	766360	2232440	2386545	1049580
				属：14 种：24	属：14 种：26	属：15 种：25	属：14 种：23	属：15 种：28
	硅藻门	14	74	3323670	508963	3748500	2203285	1416100
				属：12 种：36	属：11 种：39	属：13 种：37	属：14 种：35	属：11 种：28
	蓝藻门	13	44	1241170	998767	5575269	4044215	2703085
				属：6 种：12	属：9 种：26	属：9 种：16	属：7 种：23	属：8 种：15
	隐藻门	3	6	728875	101626	0	54145	0
				属：3 种：3	属：1 种：2	属：0 种：0	属：1 种：2	属：0 种：0
	金藻门	3	5	2582300	0	87465	70805	4165
				属：2 种：2	属：0 种：0	属：2 种：2	属：3 种：3	属：1 种：1
	裸藻门	4	11	49980	27489	16660	133280	41650
				属：1 种：1	属：2 种：2	属：2 种：2	属：3 种：7	属：1 种：2
	黄藻门	2	6	137445	237405	70805	166600	4165
				属：1 种：2	属：1 种：3	属：1 种：1	属：2 种：4	属：1 种：1
	甲藻门	3	5	170765	9163	4165	37485	45815
				属：2 种：2	属：1 种：2	属：1 种：1	属：1 种：2	属：2 种：3
	共计	67	220	9971010	2649773	11735304	9096360	5264560
				属：41 种：82	属：39 种：100	属：43 种：84	属：45 种：99	属：39 种：78

4.4.2 过滤器选取

筛网过滤器，它的过滤介质是尼龙筛网或不锈钢筛网。在灌溉水质良好或一般时可用于终极过滤，在水中含沙量小于 3mg/L 时，可独立使用，超过 3mg/L 时，应与其他过滤器（如砂石分离器）配套使用，也可用于支管入口作控制过滤器（韩丙芳和田军仓，2001）。张国祥和崔永顺（1992）为了了解筛网物理堵塞的机理和粒径比取值的依据，做了砂粒堵孔试验，提出了堵塞存在一个临界粒径比，小于此值堵塞现象急剧增加，大于此值，堵塞现象减少缓慢，并建议在无新依据前，按粒径比为 6 来考虑，混释后淖尔水中杂质粒径比都小于 6，导致网式过滤器效果较差。鲍子云等（2011）研究表明筛网过滤器在水中泥沙量为 $0.05 \sim 0.08 \mathrm{kg/m}^3$ 时，除沙率约为 1%，其过滤效果差。叠片式过滤器在水中泥沙量为 $0.03 \sim 0.07 \mathrm{kg/m}^3$ 时，除沙率约为 5%，有一定的过滤作用，且工作稳定，反冲次数适当，可作为主过滤设备。过滤设备悬浮物去除率为 13.1%～20.6%，COD 去除率为 5.8%～26.5%，综合去除率为 21%～50%。

由于温度影响水中微生物的生长繁殖，细菌最适宜的生长温度为 25～40℃，河套灌区生育期环境温度都处于此区间，有利于细菌的生长，所以微生物的存在是灌水器堵塞的又一个重要原因。张晓晶等（2016）研究表明水体浊度和堵塞物中细菌总数的相关性较高，二者相辅相成，共同决定着灌水器堵塞的状态和结果，黄河水与淖尔水混配后，一定程度上提高了水体的浊度，浊度为 6.83～104NTU。结合前述分析可知，化学（盐分高、pH 高、硬度高）和微生物（细菌总数、藻类）的共同作用是淖尔水引起灌水器堵塞的主要原因。

根据《微灌工程技术》（水利部农村水利司和中国灌溉排水中心，2012）推荐的过滤器类型标准可知。结合水质情况应采用 2 种或 3 种过滤器的组合，如果水中杂质主要为泥沙，则首部过滤系统可选择离心过滤器与网式过滤器的组合，二级过滤器选择筛网式过滤器；如果水中杂质主要为有机物或淤泥、藻类含量较高或者氧化镁和铁的含量较高，则可选择砂石过滤器和叠片（或网式）过滤器的组合，二级过滤器选择筛网式过滤器；如果水中杂质既含沙，又有淤泥、藻类等，则可选用离心过滤器、砂石过滤器及网式过滤器的组合。过滤精度要求不高时，可选用 120 目过滤器；过滤精度要求较高时，可选用 150 目过滤器。

在滴灌技术较为发达的新疆地区有关学者以含藻类地表水为研究对象，对叠片式和网式过滤器过滤效果的进行分析可知，相同目数下叠片式过滤器可过滤绝大部分的藻类，但网式过滤效果较差，并且当压差大于 120kPa 时，大颗粒的藻类也会透过滤网；120 目以上时，叠片过滤器的过滤效率是网式的 2 倍多，表面附着物是网式过滤器的 2 倍多，堵塞时间是网式过滤器的 4 倍。可见针对藻类过滤叠片式过滤器为首选过滤设备。

淖尔水体中污物不止一种,本书采用系统进水口设置丝网过滤水草等较大的杂质,结合水质选用砂石过滤器、叠片式过滤器作为二三级过滤形式[丝网(50目)+砂石过滤器(滤料粒径 0.9mm)+叠片式过滤器(120 目)],以传统丝网+离心式过滤器+网式过滤器模式作为对照进行测试(表 4-13)。

表 4-13　过滤器过滤效果

过滤形式	去除效果	pH	全盐量/(mg/L)	总硬度/(mg/L)	COD/(mg/L)	浊度/NTU	悬浮物/(mg/L)
丝网+砂石过滤器+叠片过滤器	过滤前	8.69	549	325.3	15.7	18.9	29
	过滤后	8.71	557	350.3	13.2	7.45	15
	去除率/%	—	—	—	15.9	60.6	48.3
丝网+离心+网式	过滤前	8.10	1781	650.6	24.8	14.9	23
	过滤后	9.09	2204	675.6	20.9	8.95	17
	去除率/%	—	—	—	15.73	39.93	26.09
	去除率提高/%				0.17	20.67	22.21

水中悬浮物、浊度和 COD 含量随储存天数的变化,以及水中的无机物、有机物、还原性物质、微生物等变化而变化。因此,以过滤前后悬浮物、浊度和 COD 去除率表征泥沙、藻类、微生物等去除效果。此过滤模式对 COD 去除率为 15.9%、浊度去除率 60.6%、悬浮物去除率 48.3%,较丝网+离心+网式过滤模式 COD 等去除率分别提高 0.17%、20.67%、22.21%。通过以上分析可知,混释净化后淖尔水泥沙含量 0.04~0.08kg/m^3(颗粒级配为:0.1~0.3mm 占 7%,0.035~0.1mm 占 28%,小于 0.035mm 占 65%)、全盐量≤3000mg/L、pH≤8.5、悬浮物含量为 4~39mg/L、COD 含量为 9.4~69mg/L、浊度小于 72.7NTU 的情况下,此过滤模式过滤去除率较高。

4.5　抗堵型灌水器选取

混释净化过滤后水体仍含有少许的微生物、藻类,还会有对长时间运行的滴灌系统及灌水器造成堵塞的可能性,田间可选用抗堵型滴灌带,根据其他相关研究结果及田间示范验证推荐,内镶贴片式滴灌带更适用于淖尔水滴灌,且能够满足现有主要作物(玉米、葵花)的灌溉及系统运行需求,一些国外品牌内镶贴片式表现出更为良好的效果(如国外知名品牌 1.6L/h 效果最佳)。具体研究分析如下。

1）灌水器堵塞程度分析

经过滤后的水质并不能完全去除杂质、离子及微生物，随着运行时间及田间环境的变化还会造成引灌水器的堵塞。微灌系统堵塞主要包括物理堵塞、化学堵塞、生物堵塞。物理堵塞由水中有机或无机悬浮物引起，有机悬浮物包括藻类物质、浮游植物、浮游动物残体、塑料颗粒、蜗牛等，无机悬浮物包括泥沙、黏粒等。化学堵塞由水中溶解的化学物质引起，此类物质可在一定条件下经化学反应变得不溶，并沉积在灌水器出水孔、管道内部而造成堵塞。生物堵塞是指水中生物进入灌水管道、灌水器内部并大量繁殖和生长，使管道空间减小，最终引起堵塞。

选择灌水器时对内部、出水孔的制造精度要进一步选择。当灌溉水流量保持一定情况下，选择灌水器流道长度不变，流道宽度相对较大，流道转角处为光滑过渡圆弧，孔径为1.0mm的灌水器。但要根据作物在生育期内的灌水次数进行选择，小流量滴灌带宜用于灌水次数较少的作物，大流量滴灌带可以用于灌水次数较多的作物。综合考虑流道内流场分布及其水位性能与抗堵塞性能，可采用分形流道灌水器，适宜的几何参数为宽度1.0mm左右，流道长度不宜超过224mm，并可借助缩减流道深度来控制灌水器出流量。为进一步分析不同滴灌带对淖尔水质的适应性，中国农业大学针对河套灌区地表水质特点的理论研究成果，选取了国内品牌单翼迷宫式（1.75L/h）、国内品牌内镶贴片式贴片（2.0L/h）、国外品牌内镶贴片式（1.6L/h）滴灌带在王爷地、三海子示范区进行了田间对比试验（表4-14）。

表4-14　示范区2016年灌溉期内淖尔水质变化情况

月份	名称	检测项目			
		pH	全盐量/（mg/L）	氯化物（Cl⁻）/（mg/L）	总硬度（以 CaCO$_3$ 计）/（mg/L）
4	三海子	8	749	106.4	275.2
	王爷地	7.68	2673	496.3	875.8
5	三海子	8.42	821	88.6	525.5
	王爷地	9.57	1558	390	525.5
6	三海子	8.26	717	106.4	300.3
	王爷地	9.82	1694	425.4	525.5
7	三海子	8.08	807	124.1	325.3
	王爷地	9.4	1661	390	575.5
8	三海子	8.25	799	124.1	300.3
	王爷地	9.11	1773	354.5	650.6

续表

月份	名称	检测项目			
		pH	全盐量/（mg/L）	氯化物（Cl⁻）/（mg/L）	总硬度（以 CaCO₃ 计）/（mg/L）
9	三海子	7.73	1081	159.5	450.4
	王爷地	8.98	2622	443.1	675.6

　　生育期结束后将田间滴灌带取回，滴灌带长度 52m，对流量进行测试，分析其堵塞程度。王爷地示范区系统全生育期运行 65h，三海子示范区系统全生育期运行 42h。王爷地示范区、三海子示范区水源基本状况见表 4-15。分别在滴灌带首部、中部和尾部选择共计 23 个滴头测其 5 分钟流量。依据我国《微灌工程技术指南》指标，流量降低若超过 20%，则认为该灌水器堵塞。检测表明，国内品牌单翼迷宫式（1.75L/h）流量降低 23.08%，国内品牌内镶贴片式贴片（2.0L/h）流量降低 13.24%、国外品牌内镶贴片式（1.6L/h）流量降低 7.04%；三海子示范区国内品牌单翼迷宫式（1.75L/h）流量降低 24.52%，国内品牌内镶贴片式贴片（2.0L/h）流量降低 19.70%、国外品牌内镶贴片式（1.6L/h）流量降低 7.01%。通过本田间应用效果测试分析可知，验证了中国农业大学、内蒙古水利科学研究院对不同类型灌水器产品抗堵性筛选测试成果，结果研究一致。内镶贴片式灌水器适宜于淖尔水滴灌，抗堵性能较好。当淖尔水质全盐量低于 3000mg/L、pH 7.68～9.82、硬度 275～875mg/L、氯化物 106～443mg/L 时，系统运行小于等于 65h（可满足葵花、玉米等主要作物灌溉运行时间），而国外品牌内镶贴片式（1.6L/h）较国内品牌内镶贴片式贴片（2.0L/h）更适宜于淖尔水滴灌的应用，效果良好（表 4-15）。

表 4-15　示范区抗堵型滴灌带流量测试

灌水器序号	王爷地示范区						三海子示范区					
	国内品牌单翼迷宫式（1.75L/h）		国内品牌内镶贴片式贴片（2.0L/h）		国外品牌内镶贴片式（1.6L/h）		国内品牌单翼迷宫式（1.75L/h）		国内品牌内镶贴片式贴片（2.0L/h）		国外品牌内镶贴片式（1.6L/h）	
	流量/（L/h）	堵塞程度/%	流量/（L/h）	堵塞程度/%	流量/（L/h）	堵塞程度/%	流量/（L/h）	堵塞程度/%	流量/（L/h）	堵塞程度/%	流量/（L/h）	堵塞程度/%
1	1.33	24.00	1.86	7.00	1.51	5.63	1.23	29.71	1.60	20.00	1.47	8.13
2	1.38	21.14	1.69	15.50	1.46	8.75	1.27	27.43	1.57	21.50	1.41	11.88
3	1.44	17.71	1.74	13.00	1.58	1.25	1.33	24.00	1.52	24.00	1.44	10.00
4	1.34	23.43	1.72	14.00	1.48	7.50	1.31	25.14	1.74	13.00	1.53	4.38
5	1.40	20.00	1.68	16.00	1.47	8.13	1.02	41.71	1.71	14.50	1.52	5.00
6	1.45	17.14	1.74	13.00	1.55	3.13	1.24	29.14	1.19	40.50	1.56	2.50
7	1.18	32.57	1.76	12.00	1.46	8.75	1.39	20.57	1.68	16.00	1.55	3.13
8	1.26	28.00	1.68	16.00	1.48	7.50	1.47	16.00	1.60	20.00	1.51	5.63

续表

灌水器序号	王爷地示范区						三海子示范区					
	国内品牌单翼迷宫式（1.75L/h）		国内品牌内镶贴片式贴片（2.0L/h）		国外品牌内镶贴片式（1.6L/h）		国内品牌单翼迷宫式（1.75L/h）		国内品牌内镶贴片式贴片（2.0L/h）		国外品牌内镶贴片式（1.6L/h）	
	流量/(L/h)	堵塞程度/%	流量/(L/h)	堵塞程度/%	流量/(L/h)	堵塞程度/%	流量/(L/h)	堵塞程度/%	流量/(L/h)	堵塞程度/%	流量/(L/h)	堵塞程度/%
9	1.18	32.57	1.24	38.00	1.52	5.00	1.56	10.86	1.57	21.50	1.58	1.25
10	1.44	17.71	1.80	10.00	1.5	6.25	1.49	14.86	1.64	18.00	1.54	3.75
11	1.40	20.00	1.90	5.00	1.58	1.25	1.65	5.71	1.49	25.50	1.49	6.88
12	1.38	21.14	1.74	13.00	1.6	0.00	1.27	27.43	1.58	21.00	1.55	3.13
13	1.35	22.86	1.82	9.00	1.52	5.00	1.43	18.29	1.56	22.00	1.52	5.00
14	1.46	16.57	1.70	15.00	1.5	6.25	1.35	22.86	1.61	19.50	1.54	3.75
15	1.38	21.14	1.87	6.50	1.58	1.25	1.36	22.29	1.45	27.50	1.42	11.25
16	1.37	21.71	1.75	12.50	1.56	2.50	1.40	20.00	1.65	17.50	1.38	13.75
17	1.32	24.57	1.80	10.00	1.46	8.75	1.33	24.00	1.66	17.00	1.42	11.25
18	1.38	21.14	1.78	11.00	1.34	16.25	1.56	10.86	1.67	16.50	1.40	12.50
19	1.44	17.71	1.71	14.50	1.46	8.75	1.39	24.57	1.75	12.50	1.36	15.00
20	1.02	41.71	1.67	16.50	1.36	15.00	1.37	21.71	1.66	17.00	1.45	9.38
21	1.20	31.43	1.80	10.00	1.44	10.00	1.39	20.57	1.69	15.50	1.47	8.13
22	1.24	29.14	1.75	12.50	1.35	15.63	1.02	41.71	1.71	14.50	1.58	1.25
23	1.62	7.43	1.71	14.5	1.45	9.38	0.62	64.57	1.64	18.00	1.53	4.38
平均值	1.35	23.08	1.74	13.24	1.49	7.04	1.32	24.52	1.61	19.70	1.49	7.01

2）灌水器堵塞物质形貌分析

分别将滴灌管（带）首、中和尾部所取的样品用小刀小心剥开，采用场扫描电子显微镜（field scanning electronic microscopy，FSEM），放大30～220倍，利用二次电子成像，观测堵塞灌水器的表面形貌。借助场发射扫描电镜对选取取样灌水器进行观察（图 4-15、图 4-16），可以看出单翼迷宫式灌水器与内镶贴片式相比较，附生堵塞物质有所增加，且堵塞物质几乎将流道淤积，造成灌水器完全堵塞。堵塞物质放大至 220 倍时，可以看到堵塞物质表面形貌粗糙，由排列不一的晶体颗粒组成，接触型式多为镶嵌接触，颗粒间连接致密。内镶贴片式灌水器首（入水口处）到尾部堵塞物质表现出逐渐增加的趋势。灌溉水中的堵塞物质在流道内附着沉积，逐渐形成附着层，不断减小灌水器内部流道的过流能力，导致堵塞发生。通过图像 30 倍、220 倍放大可以看到国内品牌内镶贴片式（2.0L/h）与国外品牌内镶贴片式（1.6L/h）相比较可知，国内品牌内镶贴片式（2.0L/h）附着堵塞物质较多。通过以上分析可知，内镶贴片式灌水器适宜于凇尔水滴灌，抗堵性较好。而国外品牌内镶贴片式（1.6L/h）较国内品牌内镶贴片式（2.0L/h）更适宜于淖尔水田间示范应用，效果良好。

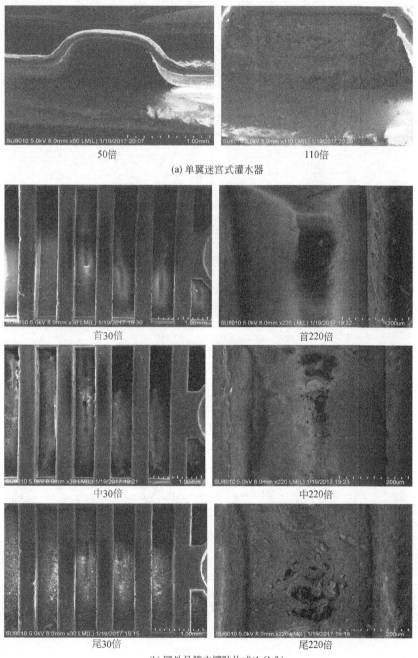

50倍　　　　　　　　　　　　　　　110倍

(a) 单翼迷宫式灌水器

首30倍　　　　　　　　　　　　　　首220倍

中30倍　　　　　　　　　　　　　　中220倍

尾30倍　　　　　　　　　　　　　　尾220倍

(b) 国外品牌内镶贴片式(1.6L/h)

首30倍　　　　　　　　　　　　首220倍

中30倍　　　　　　　　　　　　中220倍

尾30倍　　　　　　　　　　　　尾220倍

(c) 国内品牌内镶贴片式(2.0L/h)

图4-15　三海子不同滴灌带扫描电镜下灌水器堵塞物质形貌

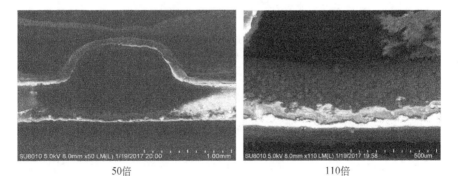

50倍　　　　　　　　　　　　110倍

(a) 单翼迷宫式灌水器

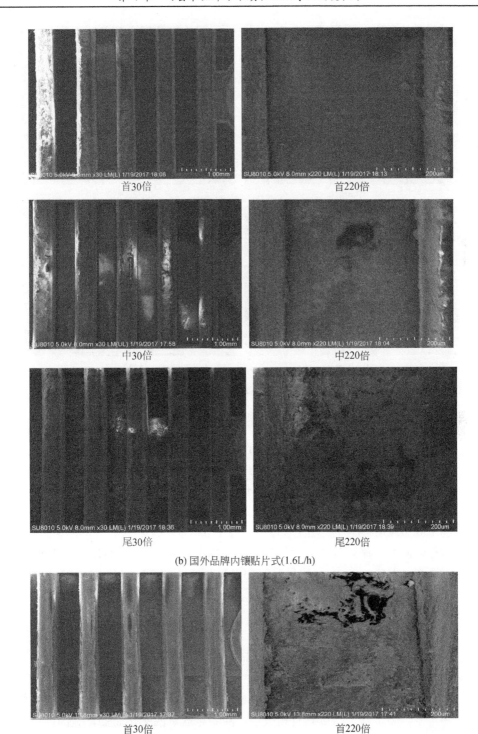

首30倍　首220倍

中30倍　中220倍

尾30倍　尾220倍

(b) 国外品牌内镶贴片式(1.6L/h)

首30倍　首220倍

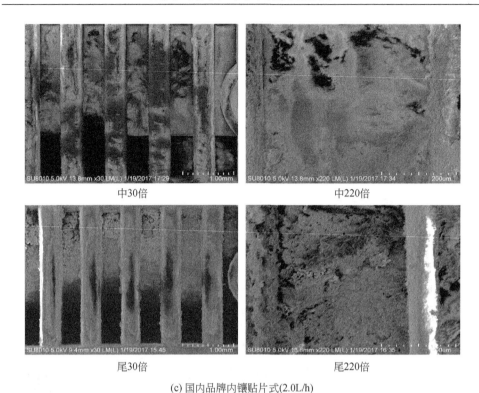

中30倍   中220倍

尾30倍   尾220倍

(c) 国内品牌内镶贴片式(2.0L/h)

图4-16 不同滴灌带扫描电镜下灌水器堵塞物质形貌

通过以上滴灌带田间验证应用后的抗堵性测试及堵塞物质电镜扫描结果分析，结合示范区淖尔（三海子淖尔、王爷地淖尔）水质变化情况可知，当淖尔水质全盐量低于3000mg/L（微咸水滴灌研究成果可知，此盐分含量条件下进行灌溉不会造成对土壤盐分的积累及作物的危害）、pH 7.68～9.82、硬度 275～875mg/L、氯化物 106～443mg/L 时，系统运行小于等于65h（可满足葵花、玉米等主要作物灌溉运行时间），内镶贴片式完全能够满足淖尔水滴灌要求，且不会发生严重堵塞，堵塞程度在 7.01%～19.7%，国外品牌内镶贴片式（1.6L/h）优势更为明显，结果与中国农业大学、内蒙古水利科学研究院对不同类型灌水器产品筛选测试研究结果一致。

4.6 不同水质净化过滤模式

淖尔水体置换少且排水不畅，全盐量在淖尔水超标物指标中处于主导地位，氯化物含量、硬度与全盐量具有相关性，随着全盐量的变化而变化。因此淖尔水处理盐分是关键，可分别通过混配稀释、混释后处理、首部过滤、灌水器选择 4个环节进行过滤。根据上述研究，不同水质适宜混释过滤模式见表 4-16。

表 4-16　不同水质淖尔水混释过滤模式

淖尔水质				净化过滤模式		
水质类别	全盐量/（mg/L）	pH	其他	混释（水量配比）	首部过滤模式	抗堵型滴灌带
I 类	≤2000	≤8.5	氯化物＞250mg/L、硬度＞350mg/L、含有一定量的细菌、藻类	0.1：1～0.2：1	丝网（50 目）+砂石过滤器（滤料粒径0.9mm）+叠片式过滤器（120目）	内镶贴片式滴灌带（如国外知名品牌1.6L/h）
I 类	≤2000	8.5～9				
I 类	≤2000	≥9				
II 类	2000～3000	≤8.5		0.2：1～0.4：1		
II 类	2000～3000	8.5～9				
II 类	2000～3000	＞9				
III 类	3000～5000	≤8.5		0.4：1～0.6：1		
III 类	3000～5000	8.5～9				
III 类	3000～5000	＞9				
IV 类	＞5000	≤8.5		0.6：1 以上，混释补水成本高，混释后水质需药剂法或多介质过滤+JREDR 系统进一步处理成本较高，不建议利用		
IV 类	＞5000	8.5～9				
IV 类	＞5000	＞9				

第5章 河套灌区淖尔水滴灌优化布局与调蓄技术

5.1 淖尔滴灌适宜发展区的选取及用水量

河套灌区淖尔的形成和发展与地下水关系密切，而地下水水位受灌区灌溉水量影响显著。根据淖尔补给排泄量可知，地下水侧渗补给是淖尔得以存在和持续利用的重要因素，除考虑工程投资、运行管理等因素外，还需考虑淖尔现有补给条件、地下水位的变化，以及井渠结合滴灌与直接引黄滴灌分区布局情况。因此，淖尔水滴灌的区域不宜过大，淖尔滴灌后应保持一定比例的黄灌区才不会对淖尔水的补给途径和数量产生重大影响。根据遥感解译及现场调查，淖尔周边耕地主要分布于3000m范围以内，扣除井灌区面积，淖尔周边0~500m范围内耕地（黄灌）面积共14.46万亩（9640hm²），500~3000m范围内耕地面积20.58万亩（13720hm²），主要分布在磴口县和五原县。考虑淖尔受黄灌水补水保证率等实际情况及滴灌系统布置的经济合理性，确定0~500m范围内为滴灌区（即弃黄区）较适宜。根据《巴彦淖尔市水利统计资料汇编2006~2010年》各灌域2000~2013年引水量及各灌域灌溉面积，进行加权平均计算得到河套灌区作物生育期综合毛灌溉定额（不含秋浇）362m³/亩（5430m³/hm²），淖尔周边0~500m耕地引黄灌溉水量为5235万m³。秋浇综合毛灌溉定额161m³/亩（2415m³/hm²），引黄灌溉水量2328万m³。

为减少淖尔用水量，一般年份淖尔水滴灌应以种植需水量少、耐盐碱的向日葵为主。根据水利部牧区水利科学研究所近年试验结果，向日葵干旱年毛灌溉定额145m³/亩（2175m³/hm²），则该部分耕地滴灌年需水量2097万m³（表5-1）。

表5-1 淖尔水滴灌工程田间需水量

月份	5月	6月	7月	8月	9月	合计
毛灌水定额/（m³/亩）	25	30	35	35	20	145
滴灌面积/万亩	14.46	14.46	14.46	14.46	14.46	14.46
需水量/万 m³	362	434	506	506	289	2097

5.2　淖尔水滴灌优化布局与节水潜力

5.2.1　优化布局

综合淖尔利用方式、补水保证率、工程运行管理等多种因素，经计算河套灌区淖尔水滴灌适宜发展面积共计 14.46 万亩（9640hm²）。主要分布在磴口县和五原县。其中，磴口县 8.30 万亩（5533hm²），占总面积的 57%，主要分布在磴口县政府所在地西北部的沙金苏木内。五原县淖尔水滴灌发展面积 3.1 万亩（2067hm²），占总面积的 21%（表 5-2），主要分布在塔尔湖镇。杭锦后旗淖尔水滴灌适宜区域主要分布在旗政府所在地西部的大树湾、三道桥镇等地。临河区淖尔水滴灌适宜区域主要分布在干召庙镇、新华镇等地。乌拉特中旗淖尔水滴灌区主要分布在与五原县海子堰乡交界处。乌拉特前旗淖尔是滴灌区主要分布在新华镇，详见图 5-1～图 5-7。

表 5-2　河套灌区淖尔水滴灌分区布局表

旗县名	面积/hm²	面积/万亩	比例/%
磴口县	5533	8.30	57
杭锦后旗	813	1.22	8
临河区	480	0.72	5
五原县	2067	3.10	21
乌拉特中旗	480	0.72	5
乌拉特前旗	267	0.40	3
合计	9640	14.46	100

5.2.2　节水潜力

根据淖尔水滴灌工程的建设目标，本工程节水潜力为黄灌区改造为滴灌区后年减少的渠首引黄水量。根据《巴彦淖尔市水利统计资料汇编 2006～2010 年》、各灌域 2000～2013 年引水量及各灌域灌溉水利用系数，得到河套灌区作物生育期综合毛灌溉定额（不含秋浇）362m³/亩，秋浇综合毛灌溉定额 161m³/亩，则滴灌区（原引黄灌溉区）灌溉期年引黄灌溉水量 5235 万 m³。秋浇期引黄灌溉水量 2328 万 m³。渠灌区改为滴灌后（保留秋浇），如全部弃黄并利用分凌水补水入湖进行灌溉，年节约引黄水量 5235 万 m³；黄灌水补水一次，其他利用分凌水补水入湖，

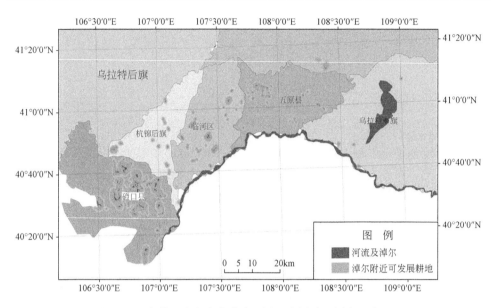

图 5-1 河套灌区淖尔水滴灌分区图（彩图详见封底二维码）

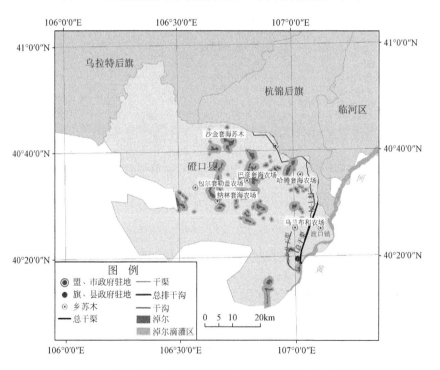

图 5-2 磴口县淖尔水滴灌分区图（彩图详见封底二维码）

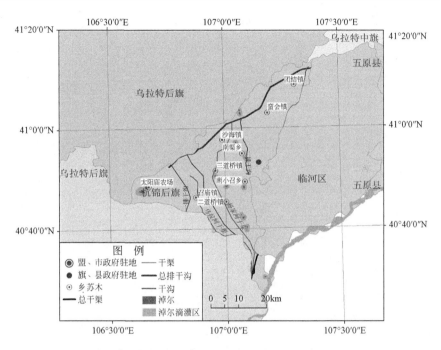

图 5-3　杭锦后旗淖尔水滴灌分区图（彩图详见封底二维码）

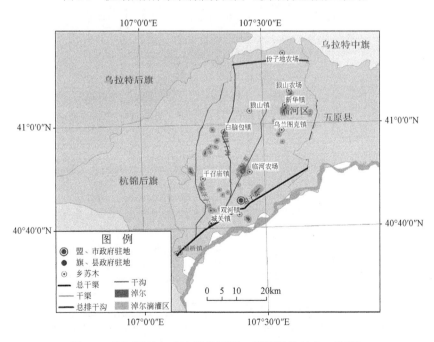

图 5-4　临河区淖尔水滴灌分区图（彩图详见封底二维码）

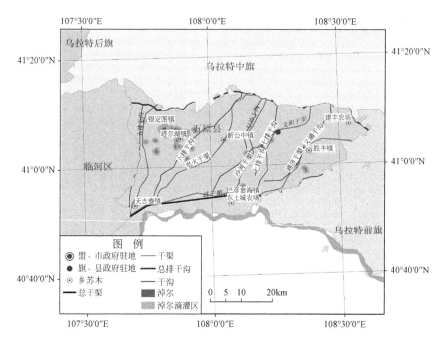

图 5-5　五原县淖尔水滴灌分区图（彩图详见封底二维码）

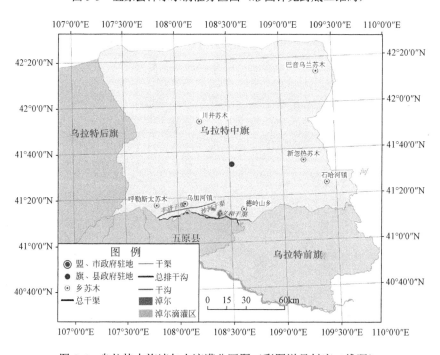

图 5-6　乌拉特中旗淖尔水滴灌分区图（彩图详见封底二维码）

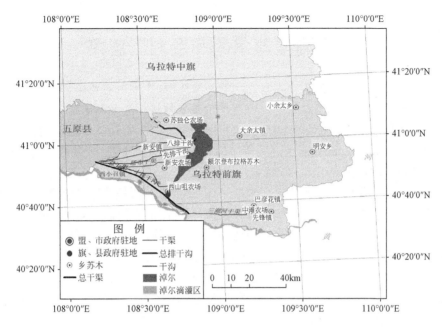

图 5-7 乌拉特前旗淖尔水滴灌分区图（彩图详见封底二维码）

年节约引黄水量 3000 万 m³；黄灌水补水 2 次，其他利用分凌水补水入湖，年节约引黄水量 1291 万 m³（表 5-3）。淖尔在不同补水工况下年节约黄灌水量在 1291 万～5235 万 m³，节水量与年初分凌水量呈正比，分凌水越多，节水潜力越大。根据巴彦高勒水文站 1952～2015 年 3 月实测径流及 2008～2016 年河套灌区分凌水量，预测黄河巴彦淖尔段在 P=85%保证率下年分凌 1.16 亿 m³，满足 5.5.1 节中方案 1 补水 7758 万 m³ 的要求，即多数年份滴灌淖尔水量可维持在最优蓄水量上下限之间，滴灌区弃黄后年节水量 5235 万 m³ 的潜力较大。

表 5-3 节水潜力计算表

灌溉形式	灌溉面积 /万亩	黄灌水补给淖尔水量 /万 m³	年引黄灌水量 /万 m³	年节约引黄灌水量 /万 m³
引黄水渠灌	14.46	0	5235	0
淖尔水滴灌	14.46	0	0	5235
淖尔水滴灌	14.46	2235	0	3000
淖尔水滴灌	14.46	3944	0	1291

5.3 滴灌淖尔的开发利用思路

历史上淖尔主要作为承接灌溉退水的天然洼地，主要的补给排泄途径为降水、蒸发、渗漏、排水、侧渗补给等，仅有少量被开发进行渔业和旅游。随着全社会生态环境意识的加强，淖尔作为灌区内重要的湿地其生态功能日益受到大家的重视。因此，2008 年起河套灌区开始有序的利用分凌分洪水对淖尔进行生态补水，由于人工补给的加大和 2012 年特大洪水的影响，2010～2016 年河套灌区淖尔面积（夏季）线性回归方程的斜率达到 3.661，淖尔水面面积总体呈现增加的趋势。随着淖尔蓄水量的增加和水质的改善，在保持淖尔原有承接退水功能的同时，河套灌区淖尔开始更多的发挥生态、渔业功能，并兼顾部分旅游功能。当前，保持淖尔作为湿地的基本生态功能不变，有序开发渔业、旅游等功能已成为社会共识。地质勘查表明，河套灌区适宜滴灌的淖尔多位于灌区低洼处，侧部和底部由黏土等隔水层组成且靠近渠道，具有良好的蓄水及补配水条件，是天然的净化调蓄池，具备蓄水滴灌的条件。

根据滴灌淖尔现状及开发利用目标，其至少应同时具备生态、渔业、灌溉三种基本功能，兼顾旅游等功能。根据其形成和利用方式，滴灌淖尔水的主要排泄途径为蒸发，补给途径主要为侧渗、分洪分凌补水、引黄灌溉补水。因此，滴灌淖尔开发主要涉及发挥各项功能时蓄水量阈值的确定，以及淖尔水补给途径及数量的确定这两个关键问题。由此确定其总体开发利用思路及分析过程如下。

（1）根据生态需水和渔业需水要求确定保证淖尔生态功能和渔业功能不变时的最小（安全）蓄水量或最低（安全）水位。

（2）综合考虑生态、渔业、旅游等需水要求确定保证各项功能正常时的蓄水量下限或水位下限。

（3）根据淖尔蓄水水位和周边土壤透水层的关系确定淖尔水不向周边农田侧渗时的最大蓄水量或最高水位。

（4）按照淖尔最大蓄水量、最小蓄水量、适宜蓄水量下限确定淖尔调蓄能力，并根据作物灌溉制度、耕地状况、调蓄能力及调蓄方式确定滴灌发展规模。

（5）正常情况下，尽量不利用淖尔现有水量，通过"丰储枯用或即补即用"人工引水补湖后利用其调蓄水量进行滴灌。

（6）当补水充足时，淖尔应保持在较高水位（最大蓄水量），但不可对周边土地产生淹渗，避免产生新的盐渍化问题；超过该水位或水量时，应适时排水。

（7）当补水不足时，淖尔可维持最低水位（最小安全蓄水量），不对淖尔湿地生态功能和渔业生产造成影响；低于该水位或水量时，应停止灌溉并立即补水。

其开发利用思路示意图如图 5-8 所示。

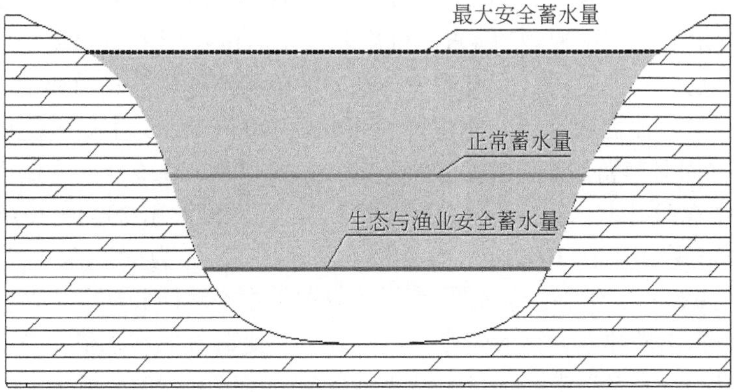

图 5-8　滴灌条件下淖尔水利用方式示意图

5.4　滴灌淖尔调蓄水量阈值

5.4.1　生态与渔业安全蓄水量

根据实地调查，河套灌区适宜滴灌的淖尔均具备良好的蓄水和补水能力，发挥着重要的生态和渔业功能，利用其灌溉后首先需保证其湿地、调节气候及生物多样性等生态景观功能不被破坏，同时要保持基本渔业功能不受影响，因此滴灌淖尔始终需保持一定的蓄水量，将这一保证生态和渔业功能不受影响时的蓄水量下限定义为生态与渔业安全蓄水量。

根据滴灌淖尔水文地质资料和 2008～2016 年（2012 年除外）补给排泄平衡计算结果，现状淖尔水量损失的主要途径是蒸发，主要补给途径为测渗和分凌分洪。国内众多学者的研究发现（杨路华等，2003；高鸿永等，2008；赵晓瑜等，2014），地下水水位埋深是影响河套灌区内天然植被和土壤水盐循环的关键因素。本书选取典型淖尔水面面积与周边（3km 内）植被 NDVI 指数进行相关性分析（详见第 6 章），其相关关系不显著。进一步验证淖尔水面变化对其周边植被变化并无显著的直接影响，只要区域地下水位埋深保持在合理范围内，天然植被不会受到不利影响。由于淖尔是河套灌区重要的湿地，因此维持湿地植被需水是确保其发挥生态功能的基础。其中，芦苇是淖尔中最主要的植被，可作为湿地植被的参考物种利用生态功能法来计算其最小生态需水量。根据赵晓瑜等（2014）研究成果，芦苇生长所需最小水深为 0.5m，因此水位不低于 0.5m 即可保证淖尔的湿地生态功能。根据实地调查，现状淖尔多养鱼，为保证渔业生产的进行，淖尔需保持一定水位。参考《水库渔业设施配套规范》（SL95—1994）的渔业养殖要求，同时根据磴口县水产管理站编制的《水产健康养殖实用技术》，具有养鱼功能的淖尔水位不宜低于 0.5m。因此，0.5m 可作为滴灌淖尔维持湿地生态和渔业生产的最低水位。根据淖尔水面面积和最小水深计算可知，2008～2016 年夏季滴灌淖尔保持 0.5m 最小水深时其蓄水量应在 3590～5791m³，2008～2016 年春季滴灌淖尔保持 0.5m 最小水深时其蓄水量应在 4323～6273m³，而滴灌淖尔 2008～2016 年实际蓄水量的最小值均出现在 2009 年，春季最小蓄水量 12117 万 m³、夏季 7342 万 m³，均大于水位 0.5m 时的理论蓄水量，满足淖尔湿地生态功能和渔业生产功能发挥的需要。考虑到滴灌淖尔运行的安全性，为补水不足时最低蓄水量调节留出一定的时间和空间，本书将滴灌淖尔最小蓄水量限定在 2008～2016 年中的最小值，即春季 12117 万 m³、夏季 7342 万 m³ 作为滴灌淖尔的生态与渔业安全蓄水量，详见表 5-4。

表 5-4　河套灌区滴灌淖尔生态与渔业安全蓄水量　　　（单位：万 m³）

季节	磴口县	杭锦后旗	临河区	五原县	乌拉特中旗	乌拉特前旗	合计
春季	9007	646	227	1522	265	450	12117
夏季	5407	388	146	977	156	268	7342

5.4.2　正常蓄水量下限

淖尔生态、渔业、旅游、灌溉等功能同时发挥作用时的运行工况最优。水文地质资料表明，滴灌淖尔周边土地表层多细砂、粉砂，下部为黏土隔水层。淖尔的蓄水水位一旦高于周边黏土隔水层顶部，会造成淖尔水向周边土地侧渗，进而产生新的盐渍化问题。滴灌淖尔独特的水文地质条件要求其蓄水水位不宜过高，具有一定的蓄水上限，因此将该蓄水量定义为最大安全蓄水量。当淖尔蓄水量低于一定数量时，仅能维持生态、渔业、旅游等功能但无法进行灌溉，将这一蓄水量定义为正常蓄水量下限。当滴灌淖尔蓄水量在二者之间时能够确保其发挥全部功能。河套灌区集中、系统的利用分凌、分洪水对淖尔进行补给始于 2008 年，到 2016 年累计向适宜滴灌的淖尔分凌分洪水共 2.65 亿 m³。这种人为的影响打破了滴灌淖尔原有的补排关系并形成了一种新的补排规律。因此本书重点对滴灌淖尔 2008～2016 年水量变化进行分析，更符合淖尔当前实际情况。根据对典型滴灌淖尔的实地调查，2008～2016 年未出现芦苇、鱼类大面积死亡和因缺水导致旅游产值下滑的现象，因此认为 2008～2016 年滴灌淖尔发挥了其正常的生态、渔业、旅游等功能。根据计算，2008～2016 年春季滴灌淖尔蓄水量在 12117 万～26466 万 m³，夏季在 7342 万～27644 万 m³，虽然变幅较大，但均未影响其生态、渔业、旅游功能的发挥。其中，2012 年夏季河套灌区遭遇特大洪水（仅 6 月 25 日 8 时～28 日 8 时累计最大降水 191.3mm），大量降水、分洪水的补给导致淖尔水面急剧增加，达到具有分洪分凌记录以来最大（2008 年年后）。根据内蒙古农业大学 2015 年编制完成的《内蒙古引黄灌区灌溉水利用率测试分析与评估》报告，河套灌区从 1980～2012 年年内降水常变，频率为 25%丰水年出现在 1997 年，降水量为 199.20mm；其最大降水出现在 2012 年，频率为 2.94%，降水量为 307.74mm，较 25%丰水年大 108.54mm，为罕见的特殊丰水年份。因此，不考虑 2009 年（蓄水量最小）和 2012 年（蓄水量最大，水文年特殊）的特殊情况，滴灌淖尔蓄水量维持在 2008 年、2010 年、2011 年、2013～2016 年的平均水平时，其现有的生态、渔业、旅游功能均不受影响，可作为滴灌淖尔最优蓄水量的下限。根据计算，滴灌淖尔春季适宜蓄水量下限为 17555 万 m³、夏季为 12933 万 m³，详见表 5-5。

表 5-5   河套灌区滴灌淖尔最优蓄水量下限　　　　　（单位：万 m³）

季节	磴口县	杭锦后旗	临河区	五原县	乌拉特中旗	乌拉特前旗	合计
春季	13683	952	367	1754	288	511	17555
夏季	10337	630	240	1183	205	338	12933

5.4.3   最大安全蓄水量

分别于 2014 年 2 月、2017 年 1 月选择水面面积大小不同、蓄水量最大时（冬春季）的滴灌淖尔进行实测，确定淖尔最大安全补水深度。根据实测值（表 5-6），淖尔水面距离地表的高差在 2.1～4.1m（淖尔水面越大，高差越大）。据此计算（表 5-7），滴灌淖尔最高水位至少比透水层底板低 1.0m 以上，因此淖尔水位上升幅度不超过 1.0m 时，不会发生淖尔水向周边土地倒灌的现象。这也表明滴灌淖尔蓄水位在现有水位上增加 1m 是安全可靠的。为了估算水深增加 1m 后淖尔增加的淹没面积，选取白条海子、王爷地淖尔等 14 个典型淖尔进行实地测量，水面高程增加 1m 后，水面边界向外扩散 3～18m。计算出 14 个典型淖尔天然条件下最大蓄水时的淖尔周长，将平均扩散宽度与淖尔周长相乘，即可估算出淖尔蓄水增加 1m 后对应增加的淖尔面积及其比例。经过计算，淖尔蓄水增加 1m 后面积增加比例在 1%～9%，随着淖尔面积的增大呈减小趋势。说明淖尔增加蓄水量后其新增的水面蒸发量相对较小。

表 5-6 典型淖尔库容外沿实测调查表

编号	淖尔名称	水面面积		库容外沿高度/m	库容外沿宽度/m
		/亩	/hm²		
1	西海子	179	11.9	2.7	5
2	王爷地淖尔	938	62.5	3.1	11
3	三海子西湖	587	39.1	2.6	23
4	小型淖尔 胡辰湖	450	30	2.4	6
5	二团五连东海子	666	44.4	2.1	15
6	一团八连海子	716	47.7	3.3	9
7	小关井湖	2033	135.5	2.9	19
8	金马湖	2276	151.7	3.6	7
9	白条海子	3725	248.3	2.8	15
10	中型淖尔 九公里海子	2819	187.9	3.6	6
11	八分场南海子	3090	206	3.4	18
12	海港海子	2816	187.7	2.9	23
13	大型淖尔 金沙湖	5435	362.3	3.7	35
14	纳林西湖	7134	475.6	4.1	43

表 5-7 淖尔蓄水 1m 后面积增加比例计算表

编号	淖尔名称	水面面积		蓄水后外扩平均宽度/m	增加面积/hm²	增加比例/%
		/亩	/hm²			
1	西海子	179	11.9	3	0.72	6.1
2	王爷地淖尔	938	62.5	5	2.09	3.35
3	三海子西湖	587	39.1	8	3.36	8.59
4	小型淖尔 胡辰湖	450	30	4	1.49	4.98
5	二团五连东海子	666	44.4	3	1.22	2.75
6	一团八连海子	716	47.7	6	2.72	5.69
7	小关井湖	2033	135.5	9	6.73	4.97
8	金马湖	2276	151.7	6	4.65	3.06
9	白条海子	3725	248.3	8	7.03	2.83
10	中型淖尔 九公里海子	2819	187.9	3	2.04	1.09
11	八分场南海子	3090	206	9	7.32	3.55
12	海港海子	2816	187.7	11	7.13	3.8
13	大型淖尔 金沙湖	5435	362.3	16	15.92	4.39
14	纳林西湖	7134	475.6	18	21.42	4.5

根据计算，2008～2016 年，2014 年春季蓄水量（受 2012 年夏季洪水影响，2012 年夏季、2013 年春季为特例，计算时不考虑）最高，此时淖尔水面与透水层底部高差均在 1m 以上，滴灌淖尔水位在此基础上抬高 1m 后的蓄水量相对安全。根据计算，滴灌淖尔最大安全蓄水量为 32637 万 m^3，详见表 5-8。

表 5-8　河套灌区滴灌淖尔最大安全蓄水量　　　（单位：万 m^3）

年份	磴口县	杭锦后旗	临河区	五原县	乌拉特中旗	乌拉特前旗	合计
2014	26326	1440	713	2682	536	940	32637

5.4.4　滴灌淖尔调蓄水量

根据滴灌淖尔利用方式，淖尔调蓄水量为滴灌可利用水资源量。以淖尔正常蓄水量与最大安全蓄水量差值为正常调蓄水量。生态与渔业安全蓄水量和最大安全蓄水量的差值计为最大调蓄水量。经计算滴灌淖尔正常调蓄水量 19704 万 m^3，最大可调蓄水量 25295 万 m^3，详见表 5-9。

表 5-9　滴灌淖尔调蓄水量　　　（单位：万 m^3）

项目	磴口县	杭锦后旗	临河区	五原县	乌拉特中旗	乌拉特前旗	合计
最大安全蓄水量	26326	1440	713	2682	536	940	32637
正常蓄水量下限	10337	630	240	1183	205	338	12933
生态与渔业安全蓄水量	5407	388	146	977	156	268	7342
正常调蓄水量	15989	810	473	1499	331	602	19704
最大调蓄水量	20919	1052	567	1705	380	672	25295

5.5　淖尔水滴灌补配水技术

5.5.1　单独使用分凌水补配水技术

1. 方案 1——以最优蓄水量下限为蓄水下限，最大安全蓄水量为上限

以最优蓄水量下限的春季水量、夏季水量为控制下限，当淖尔蓄水量低于该值时以分凌水为滴灌唯一补给水源。经计算，分凌水需 1 年补给一次，补水 7758 万 m^3，节省黄灌水量为 5235 万 m^3（图 5-9、表 5-10～表 5-12）。

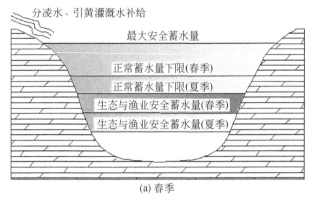

(a) 春季

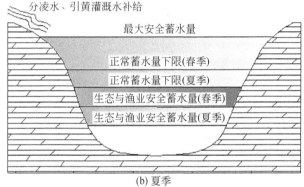

(b) 夏季

图 5-9 方案 1 补水工况示意图

表 5-10 方案 1 计算参数表

阶段	下限值/万 m³	滴灌面积/万亩	灌溉定额/（m³/亩）	滴灌需水量/万 m³	渠系水利用系数
春季蓄水量	17555	14.46	145	2097	0.55
夏季蓄水量	12933				

表 5-11 方案 1 水量平衡计算表 （单位：万 m³）

月份	水量下限值	初始水量	蒸发	渗漏	降水	径流	测渗	水量	时间	分凌补水量	节黄灌水量
3	17555	21822	6249	426	933	39	1935	15957	第 1 年 8 月	7758	5235
8	12933		2887	595.98	271.82	1.61	4808	17555	第 2 年 3 月		

注：分凌补水量、节黄灌水量均为渠首取水量，下同。

表 5-12　河套灌区渠系水利用系数

渠道类别	总干渠	干渠	分干渠	支渠
渠道水利用系数	0.9405	0.8241	0.7892	0.8976
渠系水利用系数（连乘法）	0.55			

注：根据淖尔分布状况并考虑输水损失，确定末级补水渠道为支渠。各级渠道水利用系数来自内蒙古农业大学 2015 年完成的《内蒙古引黄灌区灌溉水利用效率测试分析与评估》报告。

2. 方案 2——生态与渔业安全蓄水量为蓄水下限，最大安全蓄水量为蓄水上限

以生态与渔业安全蓄水量的春季水量及夏季水量为蓄水控制下限，当淖尔蓄水量低于该值时以分凌水（春季 3 月进行）为滴灌唯一补给水源。经计算，分凌水需 1 年补一次，补水量 4105 万 m³，节省黄灌水量 5235 万 m³（图 5-10、表 5-13、表 5-14）。

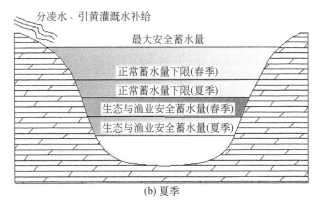

图 5-10　方案 2 补水工况示意图

表 5-13　方案 2 计算参数表

阶段	下限值/万 m³	滴灌面积/万亩	滴灌灌溉定额/(m³/亩)	滴灌需水量/万 m³	渠系水利用系数
春季蓄水量	12188	14.46	145	2097	0.55
夏季蓄水量	7341				

表 5-14　方案 2 水量平衡计算表　　（单位：万 m³）

月份	水量下限值	初始水量	蒸发	渗漏	降水	径流	测渗	水量	时间	分凌补水量	节黄灌水量
3	12188	14446	4950	272	739	31	1935	9831	第 1 年 8 月	4105	5235
8	7341		2287	381.27	215	1	4808	12188	第 2 年 3 月		

3. 方案 3——生态与渔业安全蓄水量春季水量为上限、夏季水量为下限

以生态与渔业安全蓄水量春季水量为控制上限、夏季水量为控制下限，当淖尔蓄水量低于该值时以分凌水为滴灌唯一补给水源。经计算，分凌水需 1 年补一次，补水 3983 万 m³，节省黄灌水量为 5235 万 m³（图 5-11、表 5-15、表 5-16）。

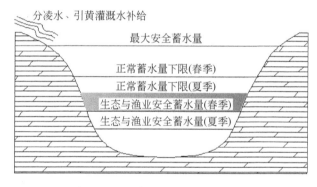

图 5-11　方案 3 补水工况示意图

表 5-15　方案 3 计算参数表

阶段	上限值/万 m³	下限值/万 m³	滴灌面积/万亩	滴灌灌溉定额/(m³/亩)	滴灌需水量/万 m³	渠系水利用系数
春季蓄水量	12188		14.46	145	2097	0.55
夏季蓄水量		7341				

表 5-16　方案 3 水量平衡计算表　　（单位：万 m³）

月份	水量上限值	水量下限值	初始水量	蒸发	渗漏	降水	径流	测渗	水量	时间	分凌补水量	节黄灌水量
3	12188		12188	4950	244	739	31	1935	7601	第 1 年 8 月	3983	5235
8		7341		2287	342	215	1	4808	9997	第 2 年 3 月		

4. 方案 4——最大安全蓄水量为上限、夏季生态与渔业安全蓄水量为下限

以最大安全蓄水量为控制上限、生态与渔业安全蓄水量（夏季）为控制下限，当淖尔蓄水量运行后夏季水量下限控制值时以分凌水为滴灌唯一补给水源进行充分补水。经计算，分凌水需 5 年补一次，补水 38151 万 m³，节省黄灌水量为 5235 万 m³（图 5-12、表 5-17、表 5-18）。

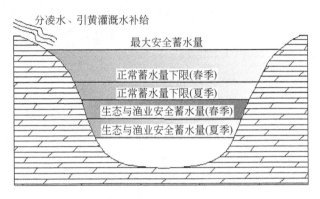

图 5-12　方案 4 补水工况示意图

表 5-17　方案 4 计算参数表

阶段	水量上限值 /万 m³	水量下限值 /万 m³	滴灌面积 /万亩	滴灌灌溉定额 /（m³/亩）	滴灌需水量 /万 m³	渠系水利用系数
春季蓄水量	32636		14.46	145	2097	0.55
夏季蓄水量		7341				

表 5-18　方案 4 水量平衡计算表　　　　　（单位：万 m³）

月份	水量上限值	水量下限值	初始水量	蒸发	渗漏	降水	径流	测渗	水量	时间	分凌补水量	节黄灌水量
3	32636		32636	6284	500	938	39	1935	26667	第 1 年 8 月		
8		7341		2904	700	273	2	4808	28147	第 2 年 3 月		
3	32636			8665	760	1294	54	1935	19907	第 2 年 8 月		
8		7341		3580	841	337	2	4808	20632	第 3 年 3 月	38151	5235
3	32636			7207	610	1076	48	1935	13778	第 3 年 8 月		
8		7341		3033	602	286	2	4808	15238	第 4 年 3 月		
3	32636			6035	448	901	42	1935	9534	第 4 年 8 月		
8		7341		2492	434	235	1	4808	11653	第 5 年 3 月		

5.5.2　黄灌水与分凌水联合补配水技术

1. 方案 5、6——以最优蓄水量下限为蓄水下限，最大安全蓄水量为上限

以最优蓄水量下限春、夏季水量为控制下限，黄灌水与分凌水联合补给进行淖尔滴灌。当淖尔水量接近下限水量时，在春季（3 月）进行分凌水补给，灌水关键期引入黄灌水进行补给。经计算，黄灌水补水 1 次（5 月）2235 万 m³ 时，分凌水需 1 年补一次，补水 5453 万 m³，节约黄灌水量为 3000 万 m³；黄灌水补水 2 次（5 月、6 月）3944 万 m³ 时，分凌水需 1 年补一次，补水 3691 万 m³，节省引黄水量为 1291 万 m³（表 5-19～表 5-21）。

表 5-19　方案 5、6 水量平衡计算表

月份	水量下限值/万 m³	滴灌面积/万亩	滴灌灌灌水量/(m³/亩)	滴灌需水量	时间	净引黄水量/万 m³	渠系水利用系数	引黄水量/万 m³
3	17555	14.469	145	2097	每年5月	1229	0.55	2235
8	12933				每年6月	940	0.55	1709
					每年7月	710	0.55	1291

表 5-20　黄灌水补水 1 次分凌水补给方案计算表　（单位：万 m³）

月份	水量下限值	初始水量	蒸发	渗漏	降水	径流	测渗	水量	引入黄河水量	时间	分凌补水量	节黄灌水量
3	17555	20554	6249	410	933	39	1935	15934	1229	第1年8月	5453	3000
8	12933		2887	573.79	271.82	1.61	4808	17555		第2年3月		

表 5-21　黄灌水补水 2 次分凌水补给方案计算表　（单位：万 m³）

月份	水量下限值	初始水量	蒸发	渗漏	降水	径流	测渗	水量	引入黄河水量	时间	分凌补水量	节黄灌水量
3	17555	19858	6249	398	933	39	1935	15917	2169	第1年8月	3691	1291
8	12933		2887	556.83	271.82	1.61	4808	17555		第2年3月		

2. 方案 7、8——生态与渔业安全蓄水量为蓄水下限，最大安全蓄水量为上限

以生态与渔业安全蓄水量春季水量、夏季水量为控制下限，黄灌水与分凌水联合补水进行滴灌。当淖尔水量接近下限水量时，在春季（3 月）进行分凌水补给，灌水关键期引入黄灌水进行补给。经计算，黄灌水补水 1 次（5 月）2235 万 m³ 时，分凌水需 1 年补一次，补水 1802 万 m³，节省黄灌水量为 3000 万 m³；黄灌水补水 2 次（5 月、6 月）3944 万 m³ 时，分凌水需 1 年补一次，补水 40 万 m³，节省黄灌水量为 1291 万 m³（表 5-22～表 5-24）。

表 5-22　方案 7、8 水量平衡计算表

月份	水量下限值/万 m³	滴灌面积/万亩	滴灌灌溉定额/（m³/亩）	滴灌需水量/万 m³	时间	净引黄水量/万 m³	渠系水利用系数	引黄水量/万 m³
3	12188	14.46	145	2097	每年 5 月	1229	0.55	2235
8	7341				每年 6 月	940	0.55	1709
					每年 7 月	710	0.55	1291

表 5-23　黄灌水补水 1 次分凌水补给方案计算表　　（单位：万 m³）

月份	水量下限值	初始水量	蒸发	渗漏	降水	径流	测渗	水量	引入黄河水量	时间	分凌补水量	节黄灌水量
3	12188	13179	4950	257	739	31	1935	9809	1229	第 1 年 8 月	1802	3000
8	7341		2287	359	215	1	4808	12188		第 2 年 3 月		

表 5-24　黄灌水补水 2 次分凌水补给方案计算表　　（单位：万 m³）

月份	水量下限值	初始水量	蒸发	渗漏	降水	径流	测渗	水量	引入黄河水量	时间	分凌补水量	节黄灌水量
3	12188	12210	4950	244	739	31	1935	9793	2169	第 1 年 8 月	40	1291
8	7341		2287	342.14	215.32	1.27	4808	12188		第 2 年 3 月		

3. 方案 9、10——春季生态与渔业安全蓄水量为上限、夏季蓄水量为下限

以生态与渔业安全蓄水量春季水量为上限、夏季水量为下限，以黄灌水与分凌水联合补水进行滴灌。当淖尔水量接近下限水量时，在其他阶段（春季）进行分凌水补给，灌水关键期引入黄灌水进行补给。经计算，黄灌水补水 1 次（5 月）2235 万 m³ 时，分凌水需 1 年补一次，补水 1748 万 m³，节省黄灌水量为 3000 万 m³；黄灌水补水 2 次（5 月、6 月）3944 万 m³ 时，分凌水需 4 年补一次，补水 4060 万 m³，节省黄灌水量为 1291 万 m³（表 5-25～表 5-27）。

表 5-25　方案 9、10 水量平衡计算表

月份	水量上限值/万 m³	水量下限值/万 m³	滴灌面积/万亩	滴灌灌溉定额/（m³/亩）	滴灌需水量/万 m³	时间	净引黄水量/万 m³	渠系水利用系数	引黄水量/万 m³
3	12188		14.46	145	2097	每年 5 月	1229	0.55	2235
8		7341				每年 6 月	940	0.55	1709
						每年 7 月	710	0.55	1291

表 5-26　黄灌水补水 1 次分凌水补给方案计算表　　　（单位：万 m³）

月份	水量上限值	水量下限值	初始水量	蒸发	渗漏	降水	径流	测渗	水量	引入黄河水量	时间	分凌补水量	节黄灌水量
3	12188		12188	4950	244	739	31	1935	8831	1229	第 1 年 8 月	1748	3000
8		7341		2287	342	215	1	4808	11227		第 2 年 3 月		

表 5-27　黄灌水补水 2 次分凌水补给方案计算表　　　（单位：万 m³）

月份	水量上限值	水量下限值	初始水量	蒸发	渗漏	降水	径流	测渗	水量	引入黄河水量	时间	分凌补水量	节黄灌水量
3	12188		12188	4950	244	739	31	1935	9771	2169	第 1 年 8 月		
8		7341		2287	342	215	1	4808	12167		第 2 年 3 月		
3	12188			4950	244	739	31	1935	9750	2169	第 2 年 8 月	4060	1291
8		7341		2287	342	215	1	4808	12146		第 3 年 3 月		
3	12188			4950	244	739	31	1935	7559	2169	第 3 年 8 月		
8		7341		2287	342	215	1	4808	9955		第 4 年 3 月		

5.5.3　黄灌水补水保证率分析

　　根据内蒙古自治区水利水电勘测设计院 2015 年编制完成的《内蒙古自治区巴彦淖尔市水资源综合规划（修编）》并结合最新调查统计，灌区灌水渠系共设 7 级，即总干、干、分干、支、斗、农、毛渠，现有总干渠 1 条，全长 180.85km；干渠 13 条，全长 779.74km；分干渠 48 条，全长 1069km；支渠 339 条，全长 2189km；斗、农、毛渠共 85522 条，全长 46136km。排水系统与灌水系统相对应，亦设有 7 级，现有总排干沟 1 条，全长 260km；干沟 12 条，全长 503km；分干沟 59 条，全长 925km；支沟 297 条，全长 1777km；斗、农、毛沟共 17322 条，全长 10534km。灌区现有各类灌排建筑物 13.25 万座。河套灌区多年平均引黄水量 45 亿 m³，保证率较高，且淖尔附近多分布引水渠道，黄灌水可作为滴灌淖尔补水来源之一。其中，4～6 月平均引水量共 16.26 亿 m³，4～6 月分别各引一次；7～9 月平均引水量共 14.95 亿 m³，7、8 月各一次，7 月引水相对较多；10 月后平均引水量共 13.87 亿 m³，主要用于秋浇。磴口支渠以上渠道开闭口时间为每年 4 月上旬～11 月上旬；杭锦后旗支渠以上渠口开闭口时间为每年 4 月中旬～11 月中旬；临河支渠以上渠口开闭口时间为每年 4 月下旬～11 月上旬；五原支渠以上渠口开闭口时间为 4 月中旬～11 月中旬；乌拉特前旗支渠以上渠口开闭口时间为 4 月中旬～11 月中旬。淖尔多靠近分干渠或支渠，从补水量、补水时间来看，具备利用引黄水进行补给的条件，保证率较高（表 5-28、表 5-29）。

表 5-28 河套灌区多年平均引黄水量

年份	合计/万 m³
2000	48.20
2001	45.75
2002	45.90
2003	37.41
2004	41.47
2005	46.51
2006	45.73
2007	45.60
2008	43.15
2009	50.53
2010	48.40
2011	45.38
2012	40.36
2013	47.16
多年年均值	45.11

表 5-29 河套灌区各灌域多年平均引黄水量 （单位：万 m³）

地点	4~6 月	7~9 月	10 月后
乌兰布和灌域（磴口）	25170.16	18820.54	16182.37
解放闸灌域（杭锦后旗）	40977.55	42136.62	34394.70
永济灌域（临河）	30681.59	29909.17	25136.40
义长灌域（五原、乌拉特中旗）	48031.48	45566.91	46485.45
乌拉特灌域（乌拉特前旗）	17765.42	13099.55	16484.35
合计	162626.19	149532.78	138683.27

5.5.4 分凌水补水保证率分析

黄河由巴彦淖尔市南端过境，在巴彦淖尔市的磴口县二十里柳子入境，东至乌拉特前旗劳动渠口出境。境内全长 340km。多年平均过境水径流量为 315 亿 m³，境内流域面积 3.4 万 km²。黄河内蒙古河段自西南流向东北，由于地理纬度上的差异，黄河上游气温较高，而下游气温较低，造成内蒙古段封河自下而上，而开河自上而下的规律。凌汛洪水多发生在 3 月上、中旬开河期间，开河易形成"武开河"局面。在黄河弯道狭窄处，易卡冰结坝，壅高水位，使防洪堤出现险情，造成凌灾。利用凌汛期黄河水位被抬高的特殊条件，在适当地段，将黄河水引入淖尔，既减轻凌汛期黄河沿线堤防防汛的压力，起到黄河分凌的作用，同时又能对淖尔水进行补充。根据调查，河套灌区分凌口主要有三处，分别为总干渠取水口、沈乌干渠取水口和奈伦湖取水口。总干渠取水口规模：共 9 孔，孔净高 6m，闸门高度 4m，闸门宽度 10m，进水闸闸底板高程 1051.5m。沈乌干渠（南岸干渠）取水口规模：共 5 孔，孔净高 3m，闸门宽度 2.6m，进水闸闸底板高程 1052.5m。

根据《黄河内蒙古分凌应急分洪乌兰布和分洪区工程初步设计报告》，乌兰布和分洪区位于奈伦湖，主要是分滞槽蓄水量，削减凌峰、降低下游河道水位，预防和减轻凌汛灾害，工程于 2009 年开建，2010 年已运行，设计蓄水规模 1.17 亿 m^3。根据《黄河内蒙古防凌应急分洪河套灌区及乌梁素海分洪区工程初步设计报告》，利用三盛公水利枢纽分引黄河凌汛期洪水，通过总干渠、下级输水干渠、分干渠向河套灌区、乌梁素海及一些小型湖泊分洪滞蓄 1.61 亿 m^3。根据"黄河网"水事纵览中提供的 2004～2014 年石嘴山、巴彦高勒水文站流量观测数据，可以得到石嘴山、巴彦高勒的日均流量图，按照槽蓄水量的基本理论，可计算得到巴彦高勒的槽蓄水量。除 2010～2011 年出现一个较低值 3.89 亿 m^3 外，2004～2014 年的槽蓄水量呈上升趋势，多年平均槽蓄水量 5.59 亿 m^3，具备对淖尔进行补水的基本条件和潜力（图 5-13）。

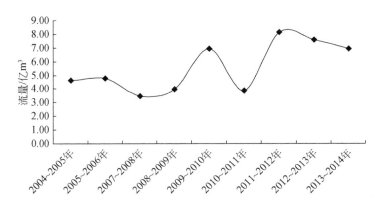

图 5-13 2004～2014 年的槽蓄水量图

根据调查，河套灌区规模性、系统性的分凌始于 2008 年。分凌期主要在 3 月，集中在 3 月中下旬。

分凌与上游来水密切相关，表现出较大的随机性，但从近年分凌实际及黄河石嘴山-巴彦高勒段槽蓄水量潜力来看，应用分凌水对淖尔进行补水的可能性较高。为进一步分析分凌水补水保证率，首先分析巴彦高勒水文站的每年 3 月的来水情况，根据 1952～2015 年共 64 年长系列的实测径流系列（表 5-30），按连续系列进行频率计算，经适线优选确定参数，线型为皮尔逊III型曲线，巴彦高勒水文站每年 3 月径流频率曲线见图 5-14。巴彦高勒水文站 3 月设计径流成果见表 5-31。

表 5-30 巴彦高勒水文站 1952～2015 年 3 月实测径流系列成果表

年份	径流/亿 m³	年份	径流/亿 m³	年份	径流/亿 m³
1952	10.55	1974	15.37	1996	15.02
1953	15.25	1975	16.61	1997	9.50
1954	12.49	1976	15.74	1998	11.09
1955	13.42	1977	19.62	1999	17.73
1956	12.86	1978	11.69	2000	13.99
1957	10.54	1979	17.57	2001	11.93
1958	10.16	1980	16.86	2002	12.22
1959	12.97	1981	14.08	2003	10.21
1960	10.66	1982	15.28	2004	12.36
1961	13.29	1983	14.99	2005	15.90
1962	13.20	1984	19.16	2006	16.95
1963	11.70	1985	15.45	2007	12.84
1964	13.27	1986	16.62	2008	13.54
1965	12.96	1987	15.40	2009	14.79
1966	10.68	1988	12.56	2010	10.1
1967	14.53	1989	15.72	2011	12
1968	18.77	1990	16.21	2012	14.2
1969	13.51	1991	15.19	2013	17.5
1970	15.77	1992	13.93	2014	14.6
1971	13.50	1993	16.24	2015	13.2
1972	16.49	1994	17.64		
1973	17.51	1995	16.87		

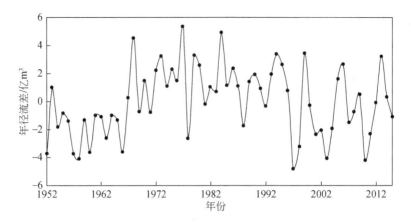

图 5-14   1952～2015 年 3 月巴彦高勒水文站径流差积曲线图

表 5-31   巴彦高勒水文站 3 月设计径流成果表

$\overline{W}$ /亿 m³	离差系数（Cv）	偏态系数（Cs/Cv）	设计值/亿 m³				
			保证率 50%	保证率 75%	保证率 80%	保证率 85%	保证率 90%
14.29	0.18	0.89	14.22	12.52	12.10	11.63	11.05

　　根据巴彦高勒水文站的年径流差积曲线图，3 月径流量年际变化不大，最大年为 19.62 亿 m³（1977 年），最小年为 9.5 亿 m³（1997 年），最大年是最小年的 2.06 倍。1954～1966 年为枯水年段，1972～1977 年与 1979～1987 年均为枯水年段，1988～2015 年丰枯交替出现。通过分析，认为 1952～2015 年系列基本反映了该测站 3 月径流量的丰枯变化规律（图 5-15）。

　　根据 1952～2015 年共 64 年长系列的实测径流系列，按连续系列进行频率计算，经适线优选确定参数，线型为皮尔逊Ⅲ型曲线（目前我国对于水文随机变量的分布基本上采用该线型，该曲线是一条一端有限一端无限的不对称单峰、正偏曲线，数学上称伽马分布）。巴彦高勒水文站 3 月径流均值为 14.29 亿 m³，且离差系数为 0.18，可见历年 3 月的径流量相对于均值的离散程度较小，即巴彦高勒水文站 3 月径流量变化不大。

　　通过上述分析可知，2008～2015 年 3 月的月平均径流量为 13.74 亿 m³，根据调查并结合已有公开资料显示，年平均分凌水量约 1.4 亿 m³，约占 3 月平均径流量的 10%。根据巴彦高勒水文站 1952～2015 年长系列的实测径流分析可知，3 月的多年平均径流量为 14.29 亿 m³，大于现状 2008～2015 年共 8 年的月平均径流量（13.74 亿 m³）。根据设计径流计算，巴彦高勒水文站 3 月 P=85%的径流量为 11.63 亿 m³，根据水文站 3 月的来水特性分析可得出结论，P=85%的相应分凌量占径流量的比例不小于 10%。由此可见，巴彦高勒水文站 3 月 P=85%的来水情

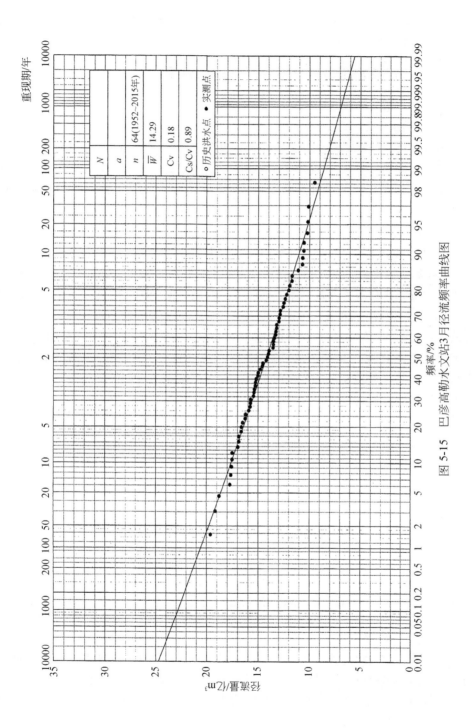

图 5-15　巴彦高勒水文站 3 月径流率曲线图

况下，其分凌量不小于 1.16 亿 m^3，即巴彦高勒水文站 3 月 $P=85\%$ 的来水情况下，年可分凌 1.16 亿 m^3。

5.5.5 应急水源及补水不足时的应急对策

1. 应急水源

1）分洪水

根据统计，河套灌区近期仅 2012 年、2013 年分洪 70020 万 m^3、12370 万 m^3。河套灌区降水稀少，随着黄河干流水利工程的建设，黄河发生大洪水的概率逐年下降，分洪水作为滴灌补水水源保证率较低，但在大洪水时可对淖尔形成有效补给。

2）雨洪水

暴雨洪水是一种自然灾害，同时它也具有资源性，如果能合理地加以利用对生产、生态大有裨益。充分利用雨洪资源，是减轻洪水灾害，增加可用水资源量，实现洪水资源化利用的有效措施。本流域共有较大的河沟 177 条，其中狼山段有 147 条，乌拉山段有 28 条，狼山与乌拉山之间有 2 条，总集水面积 1.61 万 km^2；有清水流量的 52 条，清水基流多在山沟出口处潜入地下而消失。按流域面积统计，集水面积大于 $100km^2$ 的山洪沟谷有 22 条。每年的 6~9 月降水比较集中，当遇到大雨和暴雨时，极易发生山洪，危害很大。可采取措施（如湖河连通工程）将山洪引入淖尔进行补给，将大大增加淖尔水滴灌工程保证率。

3）排水

根据统计（表 5-32），河套灌区 2000~2013 年总排水量在 2.55 亿~6.94 亿 m^3，排水量变幅较大，但多年平均水量在 2.5 亿 m^3 以上，在淖尔补水无法达到保证率时，可考虑将其作为应急补水水源，但应控制入湖水质。

表 5-32　2000~2013 年河套灌区排水量　　　　　（单位：亿 m^3）

年份	2000	2001	2002	2003	2004	2005	2006	2007
排量	4.98	4.72	4.87	3.62	4.67	3.43	2.55	3.39
年份	2008	2009	2010	2011	2012	2013	2014	2015
排量	3.74	2.88	3.18	2.61	3.65	3.00	6.47	6.94

4）总排干回渗水

总干渠是河套灌区的输水大动脉，同时也是河套灌区最大的蓄水库区，总干渠的库容回归水也可作为可供水源。每年的 11 月总干渠输水结束后，渠首关闭，渠道水位急降，过去渗入渠道的水分回渗进入总干渠中，这种回渗水一直持续到次年 4 月。之前通过四闸泄水渠全部返泄回黄河。根据《内蒙古自治区巴彦淖尔市水资源综合规划（修编）》（2015 年），汇总历年各排干沟排水量、总排干沟排水量和入乌梁素海水量的资料，分析估算得到总排干沟多年平均排水量为 2.31 亿 m^3，规划年（2030 年）总排干水利用量 1.52 亿 m^3。在淖尔补水无法达到保证率时，可作为应急补水水源。

2. 补水不足时的应对措施

1）农业措施

淖尔的补给受天然来水和黄河总调度的影响，具有较大的不确定性，分凌水等水源无法保障且其他应急水源水量不足时，应首先调整种植结构，种植节水抗旱作物并采用非充分灌溉制度，减少作物耗水。

2）工程措施

根据淖尔隔水层厚度、封闭条件及连续性，采取定期清淤、深挖等工程措施，增加淖尔库容，加大调蓄能力（发生大洪水或分凌水量大时增加蓄水能力），适度缩小水面面积，减少无效蒸发。

3）管理措施

当农业和工程措施仍无法满足淖尔水滴灌用水要求时，可利用原有引黄渠道，恢复引黄灌溉。引黄灌溉水量较少时，可在淖尔水滴灌区打抗旱井，利用地下水进行灌溉。

5.5.6　补配水方案比选

根据淖尔水滴灌开发利用方式及淖尔水量控制指标，共设计了 10 种补配水方案，补水水源为单独使用分凌水和分凌水与黄灌水联合利用（表 5-33）。从对现有功能的影响、补水保证率、节约黄灌水量潜力等方面对各方案进行比较，分析表明各方案均有其一定应用条件，生产实践中应根据年初实际分凌补水量制订合理的年度补配水方案。其中，每年分凌水均有保障时，应采用方案 1，对淖尔现有功能无影响，节约黄灌水量最多；当无分凌水时，应采用方案 8，会对旅游、景观等产生轻微影响，但不宜长期持续。当遇到洪涝灾害时，应采用方案 4，减少灾害的同时，充分利用非引黄指标水对淖尔进行充分补给，减少次年对分凌水的需求，比较分析结果见表 5-34。

表 5-33　淖尔不同补配水方案控制指标　　　　（单位：万 m^3）

方案序号	蓄水上限	蓄水下限	分凌水		黄灌		节约黄灌水量
			补水次数	补水量	补水次数	补水量	
1	最大安全蓄水量	最优蓄水量下限	1 年一次	7758			5235

方案序号	蓄水上限	蓄水下限	分凌水		黄灌水		节约黄灌水量
			补水次数	补水量	补水次数	补水量	
2	最大安全蓄水量	生态与渔业安全蓄水量	1年一次	4105			5235
3	春季生态与渔业安全蓄水量	夏季生态与渔业安全蓄水量	1年一次	3983			5235
4	最大安全蓄水量	夏季生态与渔业安全蓄水量	5年一次	38151			5235
5	最大安全蓄水量	最优蓄水量下限	1年一次	5453	1年一次	2235	3000
6	最大安全蓄水量	最优蓄水量下限	1年一次	3691	1年两次	3944	1291
7	最大安全蓄水量	生态与渔业安全蓄水量	1年一次	1802	1年一次	2235	3000
8	最大安全蓄水量	生态与渔业安全蓄水量	1年一次	40	1年两次	3944	1291
9	春季生态与渔业安全蓄水量	夏季生态与渔业安全蓄水量	1年一次	1748	1年一次	2235	3000
10	春季生态与渔业安全蓄水量	夏季生态与渔业安全蓄水量	4年一次	4060	1年两次	3944	1291

注：该水量均为渠首引水量。

表 5-34　淖尔不同补配水方案比较

方案编号	对生态/渔业	对景观/旅游	分凌补水量	节约黄灌水量
1	无影响	无影响	最大	最大
2	无影响	影响小	较小	最大
3	无影响	影响小	较小	最大
4	无影响	持续影响	频率低，水量大	最大
5	无影响	无影响	较小	较大
6	无影响	无影响	较小	最小
7	无影响	影响小	极小	较小
8	无影响	影响小	最小，趋于0	最小
9	无影响	持续影响	极小	较大
10	无影响	持续影响	频率低，水量小	最小

5.6　淖尔水滴灌工程布置与优化设计

5.6.1　淖尔的地质勘查

滴灌淖尔的地质勘查主要包括淖尔库区的渗漏勘查和淖尔周边取水、补水建筑物的地质勘查。

1. 淖尔库区的渗漏勘查

库区渗漏是淖尔库区勘查研究的重点。淖尔一般采用丰储枯用，库区渗漏是影响淖尔蓄水的关键之一，应对淖尔库区相对隔水层及主要透水层的岩土成因、性质、厚度、延伸分布进行勘查，阐明库区相对隔水层的封闭条件和连续性；淖尔周边地下水位及补排关系，透水性和出逸区渗透稳定性。应重点查明库区垂直渗漏和侧向渗漏条件，调查淖尔水外渗途径；分析库区垂直入渗、渗水形式、位置，确定通向库外的渗漏区（段），勘查淖尔冬春季最大水面与周边耕地高差，以便确定最大补水高度。

2. 淖尔周边取水、补水建筑物的地质勘查

应勘查建筑物布置区的地层、岩性，重点查明各类工程性质不良土层的分布范围，提供物理力学性质参数；工程区水文地质条件和土的渗透性；评价建筑物地基和边坡的稳定性及渗透稳定性。

5.6.2　淖尔水量的确定

应根据淖尔最小安全蓄水量、最大安全蓄水量、正常蓄水量确定淖尔水滴灌可利用水量，根据灌溉面积、种植结构、灌溉定额、补水水源进行水资源供需平衡分析及补水保证率分析。

1. 淖尔水量计算

（1）根据实测资料确定淖尔水位、水面面积和库容关系曲线。

（2）根据近年（年系列资料不少于 5 年）淖尔春、夏季库容，结合淖尔周边生态环境调查及渔业最低水位要求，以淖尔最小库容为淖尔最小安全蓄水量。

（3）根据近年（年系列资料不少于 5 年）淖尔春季、夏季库容，结合淖尔渔业、景观、旅游需求，以淖尔库容平均值作为正常蓄水量。

（4）根据淖尔水面高程、周边地下水位变化、周边透水层厚度，确定淖尔最高安全水位，根据水面-水位关系曲线估算淖尔最大安全蓄水量。

（5）根据淖尔最大安全蓄水量、正常蓄水量、最小安全蓄水量差值并计入蒸发、渗漏、渠系输水等损失后即为滴灌淖尔可利用水量。

2. 淖尔补水水源分析

淖尔补水水源分析包括径流、泥沙、水质分析：①径流分析采用的资料应具有可靠性、一致性、代表性，当流域内人类活动明显影响资料系列一致性时，应将历年资料统一换算或修正为现状下垫面条件或近期下垫面条件；②径流分析资料系列应在 30 年以上，应根据数学期望公式计算，径流频率曲线线型一般采用皮尔逊Ⅲ型；③应根据进水闸闸前河道（渠道）断面历年逐日平均含沙量等泥沙资料分析含沙量、输沙率等，进行泥沙淤积分析，满足淖尔在使用年限内入湖泥沙淤积的要求；④应根据《农田灌溉水质标准》（GB5084—2005）对补水水源水质进行监测、分析和评价；⑤应根据年度黄河分凌量及引黄水量制订淖尔年度供用水方案及补水不足时的应急预案。

5.6.3 补水建筑物布置与设计

淖尔主要通过渠道或管线补水，补水建筑型式为入淖尔涵洞（图5-16），涵洞上游设闸门，入淖尔处设置消能设施。涵洞的位置应根据来水方向结合工程地质、地形条件确定。布置应做到布局合理，运行安全，管理方便，节省土地，有利施工和环保、美观。布设时需考虑以下三点。

（1）入淖尔涵洞的规模应根据入库流量确定，涵洞洞底高程应根据引水渠（管线）底高程、淖尔死水位，以及运用条件比较确定。为了方便施工，入库涵洞尺寸应根据入库流量、施工管理和维修等因素确定，洞口底宽不宜小于1.0m，高度不宜小于1.5m。

（2）涵洞段一般采用钢筋混凝土箱式结构，分节长度8～10m为宜。涵洞段位于淖尔围堤下，应充分考虑地基不均匀沉降对涵洞造成的不利影响。

（3）涵洞入淖尔内出水侧应设置消能防冲设施。消能防冲设施宜采用平面扩散型底流式消能。设计流量下应保证下游无水时消能防冲设施的安全。

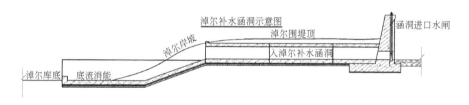

图5-16 淖尔补水涵洞结构示意图

5.6.4 取水建筑物布置与设计

1. 取水建筑物型式的选择

如何稳定、高效从淖尔取水是滴灌的基础。河套灌区滴灌可利用属于风蚀形成的淖尔，底部主要由不透水层组成，具有良好的蓄水能力，淖尔底部与侧部主要为黏土层，蓄水特点为非流动水，水位变幅为1～3m。针对淖尔水源的地形地质条件、运行特点，取水建筑适建于淖尔岸边，采用泵站取水方式。泵站主要有固定式泵站、移动式泵站等。其中，固定式泵站主要建筑物包括取水口、进水闸、引渠、拦污栅、前池、进水池、泵房、出水管道，建筑多、施工周期长、取水水源水位变幅不宜过大，对泵房的建筑要求较高。移动式泵站可选择浮船式和缆车式两种型式，其共同特点是具有较大的灵活性和适应性，无需建造复杂的水下泵房结构，其施工期短、收效快、投资少。上述两种泵站型式均可建于水源淖尔岸边，但是考虑整个滴灌灌溉工艺流程的特点，推荐浮船泵站作为淖尔取水的泵站型式（图 5-17），原因如下。

根据淖尔水量及水质状况，取水建筑物除考虑取水保证率外，还需考虑水质净化过滤要求。根据淖尔水滴灌用水流程，灌溉水从水源处经取水工程、首部枢纽、滴灌带等环节进入田间。在水源处，淖尔原水与补水水源混合后进行灌溉，取用表层水最适宜满足灌溉要求，固定式泵站对于水源水位的变化应对能力不够，取水时易将浑浊水取用，且建筑物较多，对地基要求较高，施工工期较长，经济上也较移动式高；缆车式泵站具有与浮船式泵站共同的优点，但是布置在以黏土、粉土层为主的淖尔岸边，地基条件并不能很好的满足要求，需要加固处理，且布置水泵台数不宜超过两台；浮船式泵站能很好适应水源水位的变化，始终能取用表层水，水泵布置台数较多，针对灌溉环节对水质的处理是最适宜的第一环节，因此推荐浮船式泵站作为取水建筑物的型式。浮船泵站由囤船及船上房屋组成，囤船由专业造船厂设计定做。浮船上的泵舱安装水泵，水泵及真空泵机组安装在船底板梁上，水泵的进出水管均采用钢管。在泵站出水管与地埋输水管道之间用钢管连接，接头处采用铠装法兰橡胶管连接，钢管由桁架结构支撑。

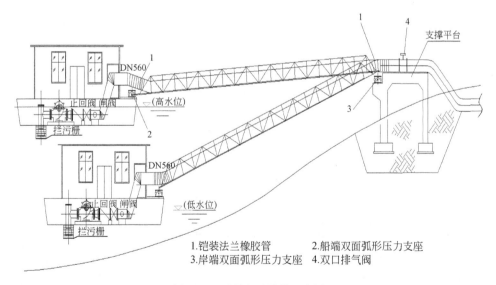

图 5-17　浮船泵站结构示意图

2. 取水建筑的布置

滴灌淖尔水面平均面积为 60～4000 亩（4～266.7hm²），小于 1000 亩（66.7hm²）

的占 60%以上，1000～3000 亩（66.7～200hm²）的约占 25%。滴灌区均在淖尔周边 500m 之内，呈四周分布或单侧分布。单个淖尔控制灌溉面积的规模除与淖尔蓄水量呈正比，还与周边耕地分布形式密切相关。因此取水建筑布置的位置及数量需要根据淖尔调蓄水量和耕地分布进行确定。

1）淖尔周边耕地环绕式分布

此种灌区分布方式设置取水建筑应沿周围布设若干泵站，满足就近的要求，但布设泵站均需配套首部，配套电力设备，造价较高。根据淖尔本身的蓄水面积大小，可选择布设较少的泵站和首部，其他灌溉片区可通过首部后管路连接，可减少资金投入（图 5-18～图 5-20）。

（1）淖尔水面面积（60～2000 亩）：淖尔的可利用水量可等效为水面面积乘 1.0m 的蓄水深度。根据控制的灌溉面积规模，布设单座浮船泵站（含配电）投资一般为 80 万～150 万元。布设单座取水建筑可利用输水管线来控制淖尔周边项目区，以上灌溉规模的淖尔输水管线长度小于 2.4km，考虑灌溉规模输水管径小于 φ315，管线工程的投资不大于 80 万元。因此，建议此种规模的淖尔布设单座取水建筑物，利用输水管线控制淖尔周边项目区，经济上合理，运行管理简单，灌溉效率更高（图 5-18）。

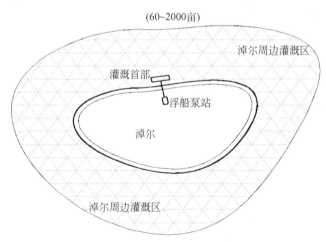

图 5-18　首部建筑物布局示意图

（2）淖尔水面面积（2000～4000 亩）：淖尔的可利用水量可等效为水面面积乘 1.0m 的蓄水深度。根据控制的灌溉面积规模，布设单座浮船泵站（含配电）投资一般为 80 万～150 万元。布设单座取水建筑可利用输水管线来控制淖尔周边项目区，以上规模的淖尔输水管线长度为 2.5～3.6km，灌溉输水管线工程的投资远超 80 万元。因此，建议此种规模的淖尔对称布设 2 处取水建筑物，等分控制淖尔周边项目区，经济上合理，取水建筑物与灌区就近布置，易于运行管理，灌溉效率更高（图 5-19）。

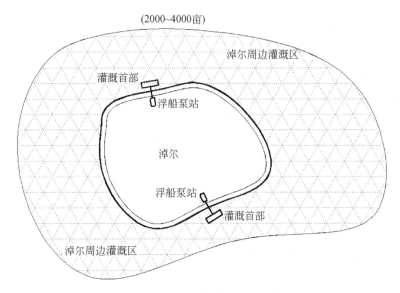

图 5-19　首部建筑物布局示意图

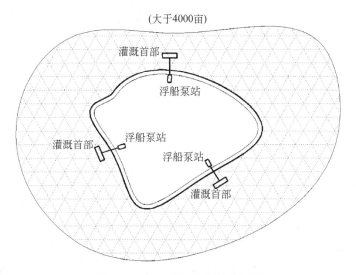

图 5-20　首部建筑物布局示意图

（3）淖尔水面面积（＞4000 亩）：布设单座浮船泵站（含配电）投资一般为 80 万～150 万元。以上规模的灌溉区已经不适宜设置 2 处以下取水建筑物进行控制灌溉,考虑灌溉输水管线的距离及单处取水建筑物投资。因此,以上规模的淖尔布设取水建筑物易为 3 处或 4 处,这样经济上最优,也考虑了运行管理的要求,灌溉效率最高。

2)淖尔周边耕地非环绕式分布

此种灌区分布方式设置取水建筑主要考虑灌区分布情况,就近布置。

(1)淖尔水面面积(60~2000 亩):淖尔控制的灌区面积较小,仅需布设单座取水建筑物即可。

(2)淖尔水面面积(2000~4000 亩):灌溉项目区分布为对称分布或片区间距离超过 2.5km,建议布设 2 处取水建筑物,灌溉项目区集中分布,建议布设 1 处取水建筑物。

(3)淖尔水面面积(>4000 亩):灌溉项目区分布为对称分布或片区间距离超过 3.6km,建议布设 3 处取水建筑物,灌溉项目区集中分布,建议布设 2 处取水建筑物。

5.6.5　首部枢纽及田间工程布置与设计

1. 首部枢纽布局

首部枢纽作为滴灌系统重要的一环,主要进行过滤、施肥处理。首部枢纽布置应考虑灌区是土地流转后整体经营种植(灌溉协调统一灌区)还是散户种植(灌溉协调分散灌区),布局如下。

1)统一管理灌区

此种灌区为统一种植,统一灌溉,灌溉管理运行流畅,因此,首部枢纽的布置仅需在水源泵站后新建即可,泵站根据灌区面积规模选用适宜的水泵,泵后出管后配套首部枢纽,设置过滤装置、施肥装置。灌溉运行时泵站开泵,各个灌溉单元有序运行。灌溉流程为水源泵站—输水管线—首部枢纽—配水管线—田间滴灌带。

2)散户管理灌区

此种灌区种植多为散户经营,灌溉时泵站开泵后统一灌溉存在运行管理问题,因此,首部枢纽布置需分散布置几处,枢纽前需新建蓄水池,蓄水池内设取水井,安装多台潜水泵。泵站通过输水管路对蓄水池进行补水,潜水泵通过配水管路出水后进入枢纽泵房,泵房内安装过滤装置、施肥装置,而后进入各个灌区。潜水泵的选择根据项目区分布情况,单台泵控制灌溉面积 200~500 亩(13.3~33.3hm^2)为易。灌溉运行时水源泵站开泵,配套自动化系统,潜水泵开泵,各个灌溉单元有序运行。灌溉流程为:水源泵站—输水管线—蓄水池—取水井(潜水泵)—配水管路—首部枢纽—配水管线—田间滴灌带。

2. 田间灌溉系统布局

整个滴灌系统的最优布置应考虑取水建筑物布置、首部枢纽布置，以及灌溉项目区的种植经营方式。田间灌溉系统的布置最重要取决于种植经营方式。

1）统一管理灌区（土地流转后整体经营）

此种灌区为统一种植，统一灌溉，灌溉管理运行流畅，因此，田间布置以首部枢纽出管后分主干管、干管、分干管、地面支管、滴灌带呈树枝状布置，灌溉运行时水源泵站开泵，各个灌溉单元有序运行。

2）散户灌区（散户种植）

此种灌区种植多为散户经营，灌溉时水源泵站开泵后统一灌溉存在运行管理问题，因此，田间布置以大小不一的灌溉单元布置，单个灌溉单元面积在 200～500 亩（13.3～33.3hm²）为宜，通过连接潜水泵的配水管线接入各个灌溉单元。灌溉时水源泵站与首部枢纽通过自动化系统联动，水泵对应单个灌溉单元，可不同时开泵，这样可以满足散户经营种植情况的灌溉需求。

5.6.6 截流沟工程布置与设计

设置截流沟是防止淖尔蓄水后抬升周边地下水水位的有效措施。截流沟的深度、断面尺寸，应根据地质构造、土质透水性及蓄水深度等通过计算或参考类似工程确定。

第6章 干旱沙区作物淖尔水滴灌及田间配套技术

6.1 研究方法

6.1.1 玉米膜下滴灌

种植品种为先玉335，株距33cm，行距45cm。采用70cm地膜，一膜一带（滴灌带），一膜两行，每6膜为一个处理，各处理之间间隔为1m（图6-1）。设置灌水次数分8～11次，灌水定额为15～20m³/亩，灌溉定额分别为120～200m³/亩（表6-1）。

播种前分别采用磷酸二铵、缓释复合肥（每亩25kg）2种底肥进行处理。每个地块4个处理3个重复。

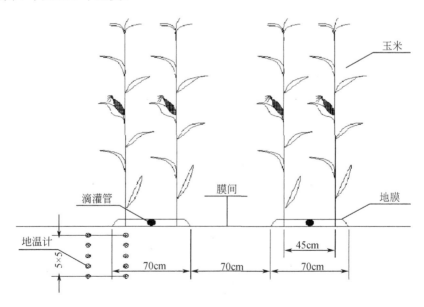

图6-1 玉米膜下滴灌布置图

表6-1　玉米膜下滴灌试验设计

试验小区编号	YM_1	YM_2	YM_3	YM_4
试验处理	灌溉 10 次	灌溉 10 次	灌水 8 次	灌水 8 次
灌水时期	播种（1）	播种（1）	播种（1）	播种（1）
	苗期（1）	苗期（1）	苗期（1）	苗期（1）
	拔节期（2）	拔节期（2）	拔节期（1）	拔节期（1）
	大喇叭口期（2）	大喇叭口期（2）	大喇叭口期（1）	大喇叭口期（1）
	抽雄-吐丝（2）	抽雄-吐丝（2）	抽雄-吐丝（2）	抽雄-吐丝（2）
	灌浆成熟期（2）	灌浆成熟期（2）	灌浆成熟期（2）	灌浆成熟期（2）
灌水定额 / （m³/亩）	20	18	20	15
灌溉定额 / （m³/亩）	200	180	160	120

6.1.2　向日葵膜下滴灌

种植品种为 T562。株距 33cm，行距 45cm。采用 70cm 地膜，一膜一带（滴灌带），一膜两行，每 6 膜为一个处理，各处理之间间隔为 1m（图 6-2）。设置灌水次数分 6～8 次，灌水定额 15～20m³/亩，灌溉定额分别为 90～160m³/亩（表 6-2）。

播种前分别采用磷酸二铵、缓释复合肥（每公顷 375kg）2 种底肥进行处理。每个地块 4 个处理 3 个重复。

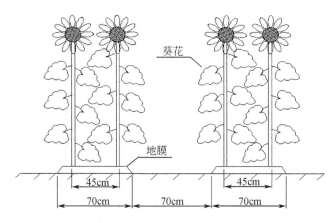

图 6-2　向日葵膜下滴灌布置图

表 6-2　向日葵膜下滴灌试验设计

试验小区编号	KH_1	KH_2	KH_3	KH_4
试验处理	灌水 6 次	灌水 6 次	灌水 8 次	灌水 8 次
灌水时间	播前 苗期 现蕾期（2） 开花期 成熟期	播前 苗期 现蕾期（2） 开花期 成熟期	播前 苗期 现蕾期（3） 开花期（2） 成熟期	播前 苗期 现蕾期（3） 开花期（2） 成熟期
灌水定额/（m³/亩）	15	20	15	20
灌溉定额/（m³/亩）	90	120	120	160

6.1.3　膜下滴灌与地埋滴灌比较研究

在膜下滴灌及地埋滴灌研究的基础上，进行玉米、向日葵膜下滴灌与地埋滴灌技术模式的对比研究，分别为玉米覆膜滴灌（YMM）、玉米不覆膜地埋 15cm 滴灌（YM15）、不覆膜地埋 30cm 滴灌（YM30），向日葵和玉米处理一致，也分为 3 个处理：KHM、KH15、KH30（表 6-3、表 6-4）。

表 6-3　玉米滴灌模式对比试验设计　　　　　　　（单位：cm）

技术指标	对照处理	试验处理	
	YMM	YM15	YM30
覆膜宽度	50	50	50
膜上行距	45	45	45
株距	26	26	26
膜间距	45	45	45
带间距	90	90	90
埋深	膜下滴灌	15	30

表 6-4　向日葵滴灌模式对比试验设计　　　　　　　（单位：cm）

技术指标	对照处理	试验处理	
	KHM	KH15	KH30
覆膜宽度	50	50	50
膜上行距	45	45	45
株距	33	33	33
膜间距	45	45	45
带间距	90	90	90
埋深	膜下滴灌	15	30

6.1.4　紫花苜蓿地埋滴灌

种植品种为阿尔金刚。采用人工条播,播种时间为 7 月下旬,播深 3cm,行距 22.5cm,播种量 22.5kg/hm²,播种时施尿素 150kg/hm²,过磷酸钙 600kg/hm²。滴灌带为当地厂家生产的迷宫式滴灌带,滴孔间距 30cm,流量 2.4L/h。埋深分别为 10cm、20cm。设 2 个(225mm、337mm 共灌水 15 次)水分处理、2 个埋深(10cm、20cm)小区,地下滴灌灌水周期为 7 天,以常规灌溉作为对照(CK 灌水 9 次、灌溉定额 399mm),小区面积 240m²(10m×24m),相邻两小区间隔 0.5m 作为保护行。灌溉水源为淖尔水(矿化度 0.831g/L,pH8),用水表控制水量,管理方式与大田相同,紫花苜蓿在盛花期刈割,每一生长季刈割 3 次(表 6-5)。

表 6-5　紫花苜蓿地埋滴灌试验设计表

试验小区编号	CK	MX-1	MX-2	MX-3	MX-4
试验处理	漫灌	埋深 10cm(W1)	埋深 20cm(W2)	埋深 10cm(W3)	埋深 20cm(W4)
灌水次数	9		15		
灌溉定额/mm	399		225		337

6.1.5　小麦膜下滴灌

种植品种永良 4 号。采用 90cm 的地膜,一膜 6 行,膜间距为 20cm,株距为 12cm,行距为 12cm(图 6-3)。采用人工点播,每穴播种 8～12 颗,每亩播种量为 12～16kg。播种密度为 29.27 万株/亩。每个处理之间相距 1m。机械条播为对照(CK),每处理 3 次重复。设置灌水次数 4 次、8 次,灌水定额为 15～60m³/亩,灌溉定额为 120～240m³/亩(表 6-6)。

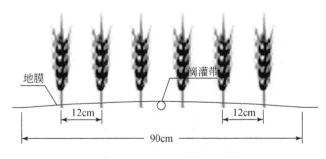

图 6-3　小麦膜下滴灌布置图

表 6-6 小麦膜下滴灌试验设计

试验小区编号	KH_CK	KH_1	KH_2	KH_3
试验处理	灌水 4 次	灌水 8 次	灌水 8 次	灌水 8 次
灌水时间	拔节期 抽穗期（2） 灌浆期	苗期 分蘖期 拔节期（2） 抽穗期 扬花期 灌浆期 成熟期	苗期 分蘖期 拔节期（2） 抽穗期 扬花期 灌浆期 成熟期	苗期 分蘖期 拔节期（2） 抽穗期 扬花期 灌浆期 成熟期
灌水定额/（m³/亩）	60	15	20	25
灌溉定额/（m³/亩）	240	120	160	200

6.2 玉米滴灌田间配套技术

6.2.1 水肥制度

依据水量平衡原理进行计算，并根据土壤、气象条件状况对 FAO-56 所给作物系数进行修正，最后得出干旱沙区主要作物需水量等数值平均值。

1. 玉米需水量

玉米膜下滴灌需水量为 478.8mm，平均日耗水量 3.25mm/d。需水量主要集中于拔节期、抽雄-吐丝期，详见表 6-7。

表 6-7 玉米膜下滴灌需水量、需水强度

玉米	苗期	拔节期	大喇叭口期	抽雄-吐丝	灌浆成熟期	全生育期ET$_C$
生育阶段需水量/mm	98.1	160.3	48.7	94.2	77.5	478.8
生育期天数	33	42	14	25	34	147
平均需水量/（mm/d）	2.97	3.86	3.54	3.81	2.26	3.25

玉米地埋滴灌需水量为 450.8mm，平均日耗水量 3.06mm/d。需水量主要集中于拔节期、抽雄-吐丝期，详见表 6-8。

表 6-8 玉米地埋滴灌需水量、需水强度

玉米	苗期	拔节期	大喇叭口期	抽雄-吐丝	灌浆成熟期	全生育期ET$_C$
生育阶段需水量/mm	92.1	156.3	42.7	88.2	71.5	450.8
生育期天数	33	42	14	25	34	147
平均需水量/（mm/d）	2.79	3.77	3.11	3.56	2.09	3.06

2. 玉米灌溉制度

根据各处理试验情况，结合膜下滴灌作物水分模型得出的水分敏感指标及当地降水情况，并运用动态规划法进行优化，最终确定了磴口县膜下滴灌玉米的灌溉制度。玉米膜下滴灌生育期灌水 8～10 次，次灌水定额 15～20m³/亩，灌溉定额 120～200m³/亩，详见表 6-9。

表 6-9　玉米膜下滴灌灌溉制度表

一般年份				干旱年份			
灌水次数	灌水时间	灌水定额/（m³/亩）	灌溉定额/（m³/亩）	灌水次数	灌水时间	灌水定额/（m³/亩）	灌溉定额/（m³/亩）
1	播种	15～20	15～20	1	播种	15～20	15～20
1	苗期	15～20	15～20	1	苗期	15～20	15～20
1	拔节期	15～20	15～20	2	拔节期	15～20	30～40
1	大喇叭口期	15～20	15～20	2	大喇叭口期	15～20	30～40
2	抽雄-吐丝	15～20	30～40	2	抽雄-吐丝	15～20	30～40
2	灌浆成熟期	15～20	30～40	2	灌浆成熟期	15～20	30～40
8			120～160	10			150～200

玉米地埋滴灌生育期灌水 8～10 次，灌水定额 15～18m³/亩，灌溉定额 120～180 m³/亩，详见表 6-10。

表 6-10　玉米地埋滴灌灌溉制度表

一般年份				干旱年份			
灌水次数	灌水时间	灌水定额/（m³/亩）	灌溉定额/（m³/亩）	灌水次数	灌水时间	灌水定额/（m³/亩）	灌溉定额/（m³/亩）
1	播种	15～18	15～18	1	播种	15～18	15～18
1	苗期	15～18	15～18	1	苗期	15～18	15～18
1	拔节期	15～18	15～18	2	拔节期	15～18	30～36
1	大喇叭口期	15～18	15～18	2	大喇叭口期	15～18	30～36
2	抽雄-吐丝	15～18	30～36	2	抽雄-吐丝	15～18	30～36
2	灌浆成熟期	15～18	30～36	2	灌浆成熟期	15～18	30～36
8			120～144	10			150～180

3. 玉米施肥制度

1）基肥

滴灌玉米施肥根据测土配方施肥指导卡进行科学施肥。基肥以有机肥为主，化肥为辅，有机肥 1～2t/亩。为了减少投入成本，要求磷酸二铵及尿素 60 斤[①]/亩

---

① 1 斤=500g。

（混合比例 5：1）、硫酸钾 20 斤/亩、硫酸锌 6 斤/亩基施，施碳铵 30～40 斤/亩可有效抑制膜下杂草的生长，氮肥按分次滴施的原则，使玉米养分能均衡供应。

2）追肥

滴灌玉米施肥采用水肥一体化。追肥前应先滴清水 15～20min，再将提前用水溶解的固体肥加入施肥罐中，追肥完成后在滴清水 30min，清洗管道，防止堵塞滴头。当玉米进入拔节期，可根据田间受旱情况进行滴水滴肥。在玉米苗期可进行根外追施锌肥，一般喷施 1～2 次增产明显。追肥量详见表 6-11。

表 6-11　滴灌玉米不同目标产量施肥量表　　（单位：kg/亩）

目标产量	追肥		种肥		
	尿素	钾肥		尿素	钾肥
200～900	11～16	4～7	200～900	11～16	4～7
>900	16～21	7～9	>900	16～21	7～9

6.2.2　配套农机农艺技术

1.播前准备

1）选地

玉米是高产作物，根系发达，需肥量多。滴灌玉米对地势要求不严格，但宜选择耕层深厚、疏松透气，有机质含量丰富、土壤肥力高、速效养分多，根茬少、杂草少的土地。

2）整地

铧式犁、深松机、旋耕机、耙，配套 40～50 马力拖拉机；耕深 18～20cm，土地平整，达到播种作业要求。用旋耕机采取横竖两遍作业，一次性完成清除旧膜（上年的覆膜）、捡拾重茬玉米根和耕地平整。第一遍顺着原来耕作方向（横向），将旧膜和玉米根清除；第二遍（竖向）可完成秸秆深埋、松土细碎和耕地平整。达到耕深一致，土壤细碎、地面平整，通透性好，一次性达到多次犁耙的效果。实践证明，在 5～15cm 耕层范围内，随旋耕深度的增加，可增加秸秆深埋量，提高土壤有机含量。春季尽早平整土地、耙地，整成待播状态。对春季耕翻的地块，要进行早耕，及时平整、耙糖，防止跑墒。整地质量达到"齐、平、松、碎、净、墒"六字标准。特别是土碎、地净、无草根尤为重要。

3）选种

根据本地生态条件，选用审定推广的优质、抗逆性强、高产、适于当地生育期的优质品种。目前大田推广的品种有科河 28、先玉 335、西蒙 5 号、西蒙 6 号、宁丹 10 号、布鲁克 2 号、四单 19 等早、中、中晚熟玉米品种。种子纯度和净度不低于 98%，发芽率不低于 90%，含水量不高于 14%。

4）种子处理

在播前选晴天将种子摊开晾晒 2～3 天，可促使玉米提早出苗 1～2 天。

2. 播种

1）播种时间

地温稳定在 12～14℃时，抢墒播种，播种在 4 月 20 日左右为宜。

2）播种量及播种深度

地膜点播 2～3kg/亩种子。做到播种深浅一致，覆土均匀，镇压后播深达 3～4cm。

3）播植方式

采用机械播种，铺膜、铺滴灌带、播种一条龙作业。要求地膜、滴灌带不破损，滴灌带迷宫面朝上。按照一膜两行、膜下铺设滴灌带的栽培方式种植。密植品种的行距配置，一般膜间距 90～100cm，株距 22～25cm。稀植品种的行距配置，一般膜间距 110～120cm，株距 25cm。田间保苗株数在 4500～6500 株。

3. 配套农机铺管、开沟、覆膜

本书研发出气吸式玉米铺管覆膜施肥精量播种一体机（2BPD-4）一套（已申请专利），配套 40～50 马力拖拉机，地膜铺设在地埋滴灌带正上方。该机可一次性完成畦地整形、开模沟、铺滴灌管、铺地膜、膜边覆土、打孔精播、空穴盖土、种行镇压等八道工序，从而实现铺膜、播种、铺管、覆土等 4 个农艺过程。通过机械化种植，全膜玉米达到：施肥深度 12～15cm，地膜幅宽 170cm，覆膜平整、压膜严密，无错膜现象；播种深度 4～6cm，株距 24～27cm（可调），行距 50cm（可调），公顷保苗数 75000 株，空穴率≤1%，生产率 1.5～3 亩/h。

4. 田间管理

1）中耕松土蹲苗

中耕具有松土、除草、增温、保墒、改善土壤通透性作用，促进根系发育，一般中耕 2～3 次。中耕原则"前后两次浅，中间一次深，苗旁浅、行中深"。中耕时间，可分苗前中耕和苗后中耕。苗前中耕是在播后进行浅中耕，促进玉米早出苗、早齐苗。苗后中耕当幼苗齐苗现行后进行 2 次以上的中耕，到灌头水前结束。

2）拔除分蘖

玉米长到 4～5 叶时，易发生分蘖，为了促进主茎果穗的分化和减少养分的损耗，应及时去除分蘖。

3）间苗、定苗

当玉米长到 3～4 片叶时，及早进行间苗把小苗、病苗、弱苗拔掉，利于壮苗早发。定苗一般在 4～5 叶期进行，地下害虫严重的可适当推迟 6～7 叶期。每穴留一株壮苗。田间保苗株数可根据品种对密度要求进行留苗，一般叶型紧凑、株型矮健，可是当密些，叶型平展、株型松散可稀些。

4）化学除草

对杂草较重的地块，在玉米 3～5 叶期时，可进行化学除草。

5）病虫害防治

苗期病虫害防治是指玉米从播种到拔节阶段病虫草害的防治，主要防治地下害虫、蚜虫、红蜘蛛、叶蝉等；穗期病虫害防治是指玉米从拔节至抽穗开花期的病虫害防治。主要防治方法是喷施有针对性的农药剂。花粒期指雄穗开花成熟期病虫草害的防治。

5. 收获

1）玉米成熟标志

玉米果穗上的苞叶干枯松散，籽粒变硬发亮，呈现本品种固有的色泽、粒型等特征。

2）收获时间

9 月末到 10 月初，玉米果穗完熟后收获。

3）收获方法

采取人工收获，堆放在干净的场地摊晒，晾干后，及时脱粒。机械收获，当玉米成熟后及时进行收获，晾晒。

4）滴灌带回收

膜下滴灌玉米收获后，及时回收滴灌带，耙除地膜，减少土地污染。

6.3   向日葵滴灌田间配套技术

6.3.1   水肥制度

1. 向日葵需水量

依据水量平衡原理进行计算，并根据土壤、气象条件状况对 FAO-56 所给作物系数进行修正，最后得出干旱沙区向日葵需水量。向日葵膜下滴灌需水量为 383.2mm，平均日耗水量 3.19mm/d。需水量主要集中于现蕾期、开花期，详见表 6-12。

表 6-12　向日葵膜下滴灌需水量、需水强度

向日葵	苗期	现蕾期	开花期	成熟期	全生育期 ET_C
生育阶段需水量/mm	118.4	125.1	97.4	42.3	383.2
生育期天数	45	30	25	20	120
平均需水量/（mm/d）	2.63	4.17	3.89	2.12	3.19

　　向日葵地埋滴灌需水量为 338.9mm，平均日耗水量 2.82mm/d。需水量主要集中于现蕾期、开花期，详见表 6-13。

表 6-13　向日葵地埋滴灌需水量、需水强度

向日葵	苗期	现蕾期	开花期	成熟期	全生育期 ET_C
生育阶段需水量/mm	104.7	110.6	74.6	32.4	338.9
生育期天数	45	30	25	20	120
平均需水量/（mm/d）	2.33	3.69	2.98	1.62	2.82

2. 向日葵灌溉制度

　　根据试验，结合膜下滴灌作物水分模型得出的水分敏感指标及当地降水情况，并运用动态规划法进行优化，最终确定了磴口县向日葵的灌溉制度。向日葵膜下滴灌生育期灌水 6～8 次，每次灌水定额 12～20m³/亩，灌溉定额 90～160m³/亩。对 1954～2015 年降水资料进行频率统计分析可知，多年平均降水量 143mm，干旱年降水量（2013 年）102mm。为保证淖尔补水用水的可靠性，淖尔滴灌以种植向日葵为主。根向日葵需水量，综合考虑生育期内有效降水、土壤储水量、地下水补给情况，根据水量平衡原理可知不同年份向日葵膜下滴灌灌溉定额为 90～160m³/亩，详见表 6-14。

表 6-14　向日葵膜下滴灌灌溉制度表

生育期	一般年份			生育期	干旱年份		
	灌水次数	灌水定额/（m³/亩）	灌溉定额/（m³/亩）		灌水次数	灌水定额/（m³/亩）	灌溉定额/（m³/亩）
播前	1	15～20		播前	1	15～20	
苗期	1	15～20		苗期	1	15～20	
现蕾期	2	15～20	90～120	现蕾期	3	15～20	120～160
开花期	1	15～20		开花期	2	15～20	
成熟期	1	15～20		成熟期	1	15～20	
共计	6			共计	8		

　　向日葵地埋滴灌生育期灌水 6～8 次，每次灌水定额 12～18m³/亩，灌溉定额 72～144m³/亩（表 6-15）。

表 6-15 向日葵地埋滴灌灌溉制度表

灌水次数	一般年份			灌水次数	干旱年份		
	灌水时间	灌水定额/（m³/亩）	灌溉定额/（m³/亩）		灌水时间	灌水定额/（m³/亩）	灌溉定额/（m³/亩）
1	播种	12～18	12～18	1	播种	12～18	12～18
1	苗期	12～18	12～18	1	苗期	12～18	12～18
1	现蕾期	12～18	12～18	2	现蕾期	12～18	24～36
1	开花期	12～18	12～18	2	开花期	12～18	24～36
2	灌浆期	12～18	12～18	2	灌浆期	12～18	24～36
6			72～108	8			96～144

3. 向日葵施肥制度

1）基肥

基肥以有机肥为主，配合施用化肥。结合秋浇，施入腐熟的有机肥 2～3t/亩。播种时基肥深施二胺、尿素和少量钾肥，将全部二胺、部分钾肥、氮肥做种肥施用。

2）追肥

剩余钾肥在向日葵现蕾-开花期间追施；剩余的氮肥在向日葵现蕾期、盛花期分两次追施。滴灌追肥方法：灌水后约半小时打开施肥罐，开始滴灌施肥，灌溉结束前半小时停止滴肥，以冲洗管道。灌溉结束后，应及时清洗过滤装置，以防堵塞。不同产量水平推荐的施肥量参见表 6-16。

表 6-16 河套灌区向日葵滴灌不同目标产量施肥量表

目标产量/（kg/亩）	追肥/（kg/亩）		种肥/（kg/亩）	
	尿素	钾肥	尿素	钾肥
250～300	3～5	1～2	3～5	1～2
>300	5～8	1～2	5～8	1～2

6.3.2 配套农机农艺技术

1. 播前准备

1）整地

铧式犁、深松机、旋耕机、耙，配套 40～50 马力拖拉机；耕深 18～20cm，土地平整，达到播种作业要求。用旋耕机采取横竖两遍作业，一次性完成清除旧膜（上年的覆膜）、捡拾重茬玉米根和耕地平整。第一遍顺着原来耕作方向（横向），将旧膜和玉米根清除；第二遍（竖向）可完成秸秆深埋、松土细碎和耕地平整。达到耕深一致，土壤细碎、地面平整，通透性好，一次性达到多次犁耙的效果。实践证明，在 5～15cm 耕层范围内，随旋耕深度的增加，可增加秸秆深埋量，提高土壤有机含量。

2）选种

宜选用发芽率不低于 85%，含水量不高于 12%的高产、优质、抗旱、抗病、抗倒伏品种。

2. 播种

1）播种时间

河套灌区一般在 5 月上中旬播种。地温达到 6℃以上时宜播种。

2）播种量及深度

油用向日葵公顷保苗 52500～67500 株，食用向日葵公顷保苗 37500～45000 株。播种深度 3～5cm 为宜。滴灌带埋深 15cm 最优，更有利于向日葵水分利用效率及产量的提高。

3）播种方式

向日葵应采用穴播方式，采用 70cm 或 120cm 膜，滴灌管（带）间距 90cm，采用 1 管 2 行或 2 管 4 行模式。大面积种植应采用机械播种，播种、覆膜、施肥、滴灌带铺设一次完成，行距 30～45cm，株距 25～40cm。根据目前河套灌区一家一户的种植模式，采用普通滴灌带埋设，结合免耕措施，实行 1～2 年轮作，可使普通滴灌带延长使用年限 2～3 年，从而降低田间滴灌带投资。

3. 配套农机播种、施肥、铺管、开沟、覆膜

采用气吸式向日葵铺管覆膜施肥精量播种一体机（已申请专利），配套 40～50 马力拖拉机。该机可一次性完成洼地整形、开模沟、铺滴灌管、铺地膜、膜边覆土、打孔精播、空穴盖土、种行镇压等八道工序，从而实现铺膜、播种、铺管、覆土等四个农艺过程。通过机械化种植，全膜向日葵达到：施肥深度 12～15cm，地膜幅宽 120cm，覆膜平整、压膜严密，无错膜现象；播种深度 4～6cm，株距 40cm（可调），行距 50cm（可调），公顷保苗数 37500 株，空穴率≤1%，生产率 1.5～3 亩/h。

4. 田间管理

1）间苗

1～2 对真叶时间苗，2～3 对真叶时定苗，每穴留一株，缺苗处留两株。病虫害严重或易受碱害的地方，定苗可稍晚些，但最晚也不宜在 3 对真叶出现之后。

2）除草

结合间苗进行第一次浅中耕，结合定苗进行第二次深中耕，苗高 30cm 左右进行根部培土，以防倒伏。

3）病虫害防治

A. 向日葵螟防治

秋季选用大型机械耕翻土壤深度 20cm 以上。秋季和春季对向日葵收购加工点产生的废料及时碾压、粉碎、焚烧，杀死其中的越冬幼虫，或者在向日葵开花前，开始用光控频振式杀虫灯或性引诱剂诱捕器诱杀成虫。

B. 菌核病防治

用 50%速克灵可湿性粉剂 1000 倍液或菌核净 800 倍液在初花期喷在花盘正反两面，隔 10 天再喷药一次可防治。

C. 锈斑病防治

首先，种子处理：2%立克秀可湿性粉剂按种子量的 0.3%拌种，或 25%羟锈宁可湿性粉剂按种子量的 0.5%拌种。其次，生育期喷药：在发病初期每隔 10 天喷 1 次，连续 2～3 次。常用药剂有：20%萎灵乳油 400～600 倍液、80%代森锌可湿性粉剂 600～800 倍液，按药液量的 0.3%加入中性洗衣粉，可提高药效。

D. 列当防治

结实前拔出田间列当植株或者将 10%草甘膦水剂按 150 倍、200 倍、300 倍、400 倍液喷施于土壤表层。

5. 收获

当花盘背面已变成黄色，植株茎秆变黄，大部分叶片枯黄脱落，托叶变为褐色，舌状花脱落，子粒变硬并呈本品种的色泽时，要及时收获。也可在花期后 36 天左右开始收获，此时可塑性物质已不增加，种子含水量已降到 30%以下。油用向日葵一般采用机械收获方式。食用向日葵高低整齐，成熟一致的品种采用机械收获方式，整齐度不一致，高低差异大的应采用人工收获，并配合机械脱粒的方式。

6.4 小麦膜下滴灌田间配套技术

6.4.1 水肥制度

1. 小麦需水量

依据水量平衡原理进行计算，并根据土壤、气象条件状况对 FAO-56 所给作物系数进行修正，最后得出干旱沙区小麦需水量。根据试验，小麦膜下滴灌需水量为 372.33mm，平均日耗水量 3.48mm/d。需水量主要集中于拔节期、抽穗期、灌浆期，详见表 6-17。

表 6-17 小麦膜下滴灌需水量、需水强度

小麦	苗期	拔节期	抽穗期	灌浆期	成熟期	全生育期ET$_C$
生育阶段需水量/mm	29.82	88.62	146.52	86.75	20.62	372.33
生育期天数	30	26	25	16	10	107
平均需水量/（mm/d）	0.99	3.41	5.86	5.42	2.06	3.48

2. 小麦灌溉制度

根据试验,结合膜下滴灌作物水分模型得出的水分敏感指标及当地降水情况,并运用动态规划法进行优化,最终确定了磴口县膜下滴灌小麦的灌溉制度。小麦膜下滴灌生育期灌水 8 次,每次灌水定额 15~32m^3/亩,灌溉定额 145~215m^3/亩,灌水周期为 7~10 天,详见表 6-18。

表 6-18 小麦膜下滴灌灌溉制度表

一般年份（降水频率50%）				干旱年份（降水频率75%）			
灌水次数	生育期	灌水定额/（m^3/亩）	灌溉定额/（m^3/亩）	灌水次数	生育期	灌水定额/（m^3/亩）	灌溉定额/（m^3/亩）
1	苗期	15~20		1	苗期	15~20	
1	分蘖期	20~25		1	分蘖期	25~30	
2	拔节期	15~20		2	拔节期	20~25	
1	抽穗期	25~30	145~185	1	抽穗期	27~32	175~215
1	扬花期	20~25		1	扬花期	23~28	
1	灌浆期	20~25		1	灌浆期	25~30	
1	成熟期	15~20		1	成熟期	20~25	

3. 小麦施肥制度

1）基肥

结合秋翻,施入腐熟的有机肥 2000~3000 kg/亩,结合基肥或种肥施用磷酸二铵 25~30kg/亩,尿素 3~5kg/亩。种肥应采用分层播种。

2）追肥

小麦膜下滴灌施肥采用水肥一体化。追肥前应先滴清水 15~20min,再将提前用水溶解的固体肥加入施肥罐中,追肥完成后再滴清水 30min,清洗管道,防止堵塞滴头。生育期追肥量详见表 6-19。

表 6-19 小麦膜下滴灌施肥制度表

施肥时间	施肥次数	肥料种类	施肥量/（kg/亩）
分蘖期	1	尿素	8
拔节期	1	尿素	6
抽穗期	2	尿素	4
灌浆期	1	尿素	6

6.4.2 配套农机农艺技术

1. 播前准备

1）选地

种植小麦应选择土层深厚，有机质含量高，保水保肥性强，通气透水性好的壤土或沙壤土。前作物收获后，伏耕或秋深耕 20～25cm，结合深耕压腐熟优质农家肥 2～3m³/亩，并进行旋耕、耙糖平整土地，做到上虚下实，深浅一致，地平土碎，无垃圾。选择玉米、葵花、番茄等茬口。

2）整地

前作收获后结合耕翻施入基肥，耕深 25～30cm，对干旱地块进行灌溉，春季尽早平整土地、耙地，整成待播状态。对春季耕翻的地块，要进行早耕，及时平整、耙糖，防止跑墒。整地质量达到"齐、平、松、碎、净、墒"六字标准。特别是土碎、地净、无草根尤为重要。

3）选种

根据当地生态条件，选用审定推广的优质、抗逆性强、高产、适于当地生育期的优质品种。目前大田推广的品种有永良 4 号、巴优一号、临优一号、临春一号、巴麦 10 号、临优 2 号等。籽粒大小均匀，播前时应进行药剂拌种。种子质量：种子纯度和净度不低于98%，发芽率不低于90%，含水量不高于14%。

4）种子处理

在播前选晴天将种子摊开晾晒 2～3 天，可促使小麦提早出苗 1～2 天。

2. 播种

1）播种时间

日平均气温稳定在 0～2℃时，抢墒播种。播种在 3 月 20 日前后为宜。

2）播种量及深度

机械播种 15～20kg/亩；地膜点播 12～15kg/亩。做到播种深浅一致，覆土均匀，镇压后播深达 3～4cm。

3）播种方式

采用集平地、铺膜（地膜宽度 170cm）、铺带（通用滴灌带 2 根）、播种一体化的联合播种机作业。要求地膜、滴灌带不破损，滴灌带迷宫面朝上。以 8 行两带穴播方式为主，穴播行距 20cm、穴播株距 18～20cm、每穴 12～18 粒。田间保苗株数在 45000～50000 株。

3. 采用配套农机播种、施肥、铺管、开沟、覆膜

采用小麦铺管覆膜施肥精量播种一体机（已申请专利），配套 40～50 马力拖拉机。该机可一次性完成畦地整形、开模沟、铺滴灌管、铺地膜、膜边覆土、打孔精播、空穴盖土、种行镇压等八道工序，从而实现铺膜、播种、铺管、覆土等四个农艺过程。通过机械化种植，全膜小麦达到：施肥深度 12～15cm，地膜幅宽 200cm，覆膜平整、压膜严密，无错膜现象；播种深度 3～5cm，株距 20cm（可调），行距 20cm（可调），每穴 12～18 粒。田间保苗株数在 45000～50000 株。

4. 田间管理

1）底墒水与出苗水

秋浇农田，小麦尽可能靠自然墒出苗。未秋浇的农田，应先灌底墒水，灌水量 20～25m³/亩，充分湿润耕作层土壤，为出苗奠定必要的水分基础。播种后在日最高气温达 12℃以上时开始滴出苗水，灌水量 15～20m³/亩，出苗后 5 天内必须滴完。

2）除草

小麦在第一次灌水后麦苗 4～6 叶时进行除草，在苗带及膜间进行除草剂的喷洒。一般选用 72%的 2.4-D 丁酯乳油、6.9%的骠马配合 10%的苯磺隆可湿性粉剂进行杂草防除。

3）病虫害防治

（1）常见病包括纹枯病、锈病、赤霉病等。防治纹枯病可用 5%井冈霉素每亩 150～200mL 兑水 75～100kg 喷麦茎基部防治，间隔 10～15 天再喷一次；防治锈病可用甲基宝利特喷雾，间隔 8～10 天，连喷两次；防治赤霉病可用醚菌酯 8g+甲基宝利特 10g 兑水 15kg 喷洒。

（2）地下害虫包括麦蜘蛛、麦蚜等。防治地下害虫可用 40%甲基异柳磷或 50%辛硫磷每亩 40～50mL 喷麦茎基部；防治麦蜘蛛可用 73%克螨特乳油 1500～2000mL 喷雾防治；蚜虫的防治可用百佳 30mL 兑水 15kg 均匀喷洒。

5. 收获

1）收获时间

当小麦胚乳呈蜡状，籽粒开始变硬时，标志着成熟期。6 月末到 7 月初，小麦麦穗完熟后收获。

2）收获方式

在蜡熟末期至完熟初期及时进行机械收割，割茬高度不高于20cm。籽粒晒干扬净，颗粒归仓。

3）滴管带回收

小麦收获后，及时回收滴灌带，耙除地膜，减少土地污染。

6.5 紫花苜蓿地埋滴灌田间配套技术

6.5.1 水肥制度

1.紫花苜蓿需水量

紫花苜蓿地埋滴灌需水量为467.3mm，平均日耗水量3.09mm/d。需水量主要集中于第一茬，详见表6-20。

表6-20 紫花苜蓿地埋滴灌需水量、需水强度

紫花苜蓿	第一茬	第二茬	第三茬	全生育期
生育阶段需水量/mm	250.3	131.6	85.4	467.3
生育天数	62	46	34	142
需水强度/（mm/d）	4.06	2.64	2.58	3.09

2.紫花苜蓿灌溉制度

紫花苜蓿地埋滴灌生育期灌水12～15次（3茬），灌水定额10～20m³/亩，灌溉定额160～255m³/亩，详见表6-21。

表6-21 紫花苜蓿地埋滴灌灌溉制度表

	一般年份				干旱年份		
灌水次数	灌水时间	灌水定额/（m³/亩）	灌溉定额/（m³/亩）	灌水次数	灌水时间	灌水定额/（m³/亩）	灌溉定额/（m³/亩）
	播种				播种		
1	春播 4 月中旬～4 月下旬 秋播 8 月中旬	15～20	15～20	1	春播 4 月中旬～4 月下旬 秋播 8 月中旬	15～20	15～20
	第一茬				第一茬		
1	返青期（苗期） 4 月中旬～4 月下旬	10～15	65～90	2	返青期（苗期） 4 月中旬～4 月下旬	10～15	75～105
2	分枝期 4 月下旬～5 月下旬	15～20		2	分枝期 4 月下旬～5 月中旬	15～20	

一般年份				干旱年份			
灌水次数	灌水时间	灌水定额/(m³/亩)	灌溉定额/(m³/亩)	灌水次数	灌水时间	灌水定额/(m³/亩)	灌溉定额/(m³/亩)
1	孕蕾期 5 月下旬～6 月中旬	15～20		1	孕蕾期 5 月中旬～5 月下旬	15～20	
1	开花期 5 月下旬～6 月中旬	10～15		1	开花期 5 月下旬～6 月中旬	10～15	
第二茬				第二茬			
1	返青期 6 月中旬～6 月下旬	10～15		1	返青期 6 月中旬～6 月下旬	10～15	
1	分枝期 6 月下旬～7 月上旬	15～20	40～55	1	分枝期 6 月下旬～7 月上旬	15～20	55～75
1	孕蕾期 7 月上旬～7 月中旬	15～20		1	孕蕾期 7 月上旬～7 月中旬	15～20	
	开花期 7 月中旬～7 月下旬			1	开花期 7 月中旬～7 月下旬	15～20	
第三茬				第三茬			
1	返青期 7 月下旬～8 月中旬	10～15		1	返青期 7 月下旬～8 月中旬	10～15	
2	分枝～孕蕾期 8 月中旬～9 月中旬	15～20	40～55	2	分枝～孕蕾期 8 月中旬～9 月中旬	15～20	55～75
	开花期 9 月中旬～9 月下旬			1	开花期 9 月中旬～9 月下旬	15～20	
	合计（灌水 12 次）		160～220		合计（灌水 15 次）		185～255

3. 紫花苜蓿施肥制度

1）基肥

紫花苜蓿播种前应施足基肥，主要是磷钾肥和农家肥，施肥方法宜采用撒施，然后深翻。施农家肥 2000～3000kg/亩。施氮肥（尿素）3～5kg/亩、磷肥（二铵）10～20kg/亩、钾肥 5～10kg/亩。不同产量水平推荐的施肥量参见表 6-22。

2）返青时施肥

紫花苜蓿春季返青前应施磷钾肥一次，采用磷钾易溶性肥料加入施肥罐随水进入滴灌系统后滴施。

3）追肥

紫花苜蓿每次刈割后第二次灌水时宜追施氮钾（追施氮肥量应不超过 5kg/亩）易溶性肥料一次，利用配套的施肥罐或水肥一体化系统装置随水进入滴灌系统后滴施，详见表 6-22。

表 6-22　河套灌区紫花苜蓿地埋滴灌施肥制度表

区域	鲜草产量/（kg/亩）	养分施用量/（kg/亩）			肥料施用量/（kg/亩）		
		N	P$_2$O$_5$	K$_2$O	尿素	二铵	氯化钾
	3000	2～3	3～5	1～2	2	7～11	2～3
河套灌区	4000	3～5	5～7	5～6	2～5	11～15	8～10
	5000	5～7	7～10	6～9	5～9	15～22	10～15

6.5.2　配套农机农艺技术

1. 播前准备

1）整地

播种紫花苜蓿的地块要求土层深厚，质地砂黏比例适宜，土壤松散，通气透水，保水保肥，以砂壤土为宜。紫花苜蓿是深根型植物，适宜深翻深度为 25～30cm，在翻地基础上，采用圆盘耙、钉齿耙耙碎土块，平整地面使土壤颗粒细匀，孔隙度适宜。

2）选种

应选择高产、优质、抗寒、抗病性好、抗倒伏的紫花苜蓿品种；选择播种秋眠级为 2～4 的品种；外引品种至少要在当地经过 3 年以上的适应性试验才可大面积种植。

3）拌种

从未种过紫花苜蓿的田地应接种根瘤菌。按每千克种子拌 8～10g 根瘤菌剂拌种。经根瘤菌拌种的种子应避免阳光直射；避免与农药、化肥等接触；已接种的种子不能与生石灰接触。

2. 播种

1）播种时间

春季 4 月中旬至 5 月末，利用早春解冻时土壤中的返浆水分抢墒播种。秋播在 8 月中旬以前进行，冬季气温较低的地区应在初霜 3 个月以前进行，以使冬前紫花苜蓿株高可达 5cm 以上或 3 个分枝以上，具备一定的抗寒能力，使幼苗安全越冬。

2）播种量及深度

紫花苜蓿播种量为 1～1.5kg/亩。播种深度以 1～2cm 为宜。

3）播种方式

地埋滴灌应采用播种开沟铺带一体机，播种、铺设滴灌带、开沟覆土一次性完成。紫花苜蓿应采用条播方式，播种行距为 15～40cm。

3. 配套农机铺管、开沟、覆膜

本书中已研发出一种牧草地埋滴灌精量播种机（已申请发明专利），采用该播种机配套农机，播种、铺设滴灌带、开沟覆土一次性完成。配套 40～50 马力拖拉机；播种铺管一体化，苜蓿播种行距 15～20cm，铺管间距 40～60cm。

4. 田间管理

1）除草

紫花苜蓿播种当年应除草 1～2 次。杂草少的地块用人工拔除，杂草多的地块可选用化学除草剂除草。播后苗前期可选用都尔、乙草胺（禾耐斯）、普施特等除草剂。苗后期除草剂可选用豆施乐或精禾草克等。除草剂宜在紫花苜蓿出苗后 15～20 天，杂草 3～5 叶期施用，产出的青干草杂草率应控制在 5%以内。

2）松土

早春土壤解冻后，紫花苜蓿未萌发之前应进行浅耙松土。

3）病虫害防治

苜蓿常见病害：褐斑病、锈病、霜霉病、白粉病、黄萎病、根腐病；苜蓿常见虫害：蚜虫、蓟马、小地老虎、华北蝼蛄。

采用"预防为主，综合防治"的防治原则。以抗（耐）病虫品种为主，以栽培防治为重点，生物防治、物理防治与化学防治相结合，综合防治。在病害发生初期，喷施 75%百菌清可湿性粉剂 500～600 倍液，或 50%苯菌灵可湿性粉剂 1500～2000 倍液，或 70%代森锰锌可湿性粉剂 600 倍液，或 70%甲基托布津可湿性粉剂 1000 倍液，或 50%福美双可湿性粉剂 500～700 倍液。对发现有病害地块宜用 2 种以上药物交替使用。

5. 越冬防寒

在霜冻前后宜较大水量灌水 1 次，以减轻早春冻融变化对紫花苜蓿根茎的伤害，提高紫花苜蓿越冬率。

6. 收获与储藏

紫花苜蓿宜在初花期刈割。刈割前根据气象预测，须 5 天内无降水，以避免雨淋霉烂损失。采用人工收获或专用牧草压扁收割机收获，晴天收割，在田间晾晒，用搂草机翻晒集条留茬高度为 5～7cm，秋季最后 1 茬留茬高度可适当高些，一般在 7～9cm。最后 1 次刈割距霜冻前 4～6 周。割下的紫花苜蓿在田间晾晒使含水量降至 25%以下方可打捆储藏。

第7章　淖尔水滴灌环境初步影响及效益预测

7.1　研　究　方　法

采用遥感解译方法对磴口县 5 个典型淖尔周边（3km 范围内）天然植被指数 NDVI 进行了解译，将其与淖尔 2010～2016 年夏季水面、全年降水进行相关检验，分析淖尔水面变化对周围植被的影响，根据淖尔水面历史变化数据预测淖尔水滴灌后对周边植被的影响。

分别在磴口县和五原县典型淖尔附近选取了 4 个 5km×5km 有明显盐碱化特征的耕地进行遥感解译，分析淖尔水面变化与盐碱化耕地面积的变化关系。采用 Landsat5 TM 和 Landsat8 OLI 卫星数据，轨道编号为 12932。因春季时没有植被覆盖，是应用遥感影像识别盐碱地的最好时机，所以选择数据时相时均选择了 3～4 月。数据获取时间分别为 2000-04-16、2001-03-18、2004-03-26、2005-04-14、2008-04-06、2010-03-27、2011-03-30、2014-04-23 和 2016-04-12。

7.2　节水后区域地下水水位变化预测

7.2.1　磴口县典型区地下水水位的季节变化

根据淖尔水滴灌分区，磴口县为其重点区域，因此以其为研究对象进行地下水水位变化分析。利用灌域 1988～2013 年引黄水量资料进行供水保证率分析，经分析，供水保证率 25%、50%、75%对应的引黄水量分别为 6.098 亿 m^3、5.865 亿 m^3、5.096 亿 m^3，与之对应的年份分别为 2000 年、2013 年和 1990 年。根据乌兰布和灌域内靠近沙区的 10 眼地下水位监测井 26 年（1988～2013 年）地下水位埋深数据，选取不同引黄水频率下的地下水水位季节变化进行分析，详见图 7-1。结果表明，沙区边缘地下水位年内埋深总体上呈现季节性规律，即 3 月左右土壤解冻，土壤水补给地下水，地下水位回升。4～5 月春汇，地下水位持续上升，6 月左右达到最高，7～8 月，作物用水高峰期，地下水位持续下降，9 月左右降到最低。10 初进行大水漫灌秋浇，地下水位回升到一年最高值，之后随着气温降低，土壤封冻，地下水位缓慢下降。由于不同监测井所在区域来水时间有所差异，因而地下水位埋深峰值出现时间略有不同，但年内总体季节性变化规律较为相似。

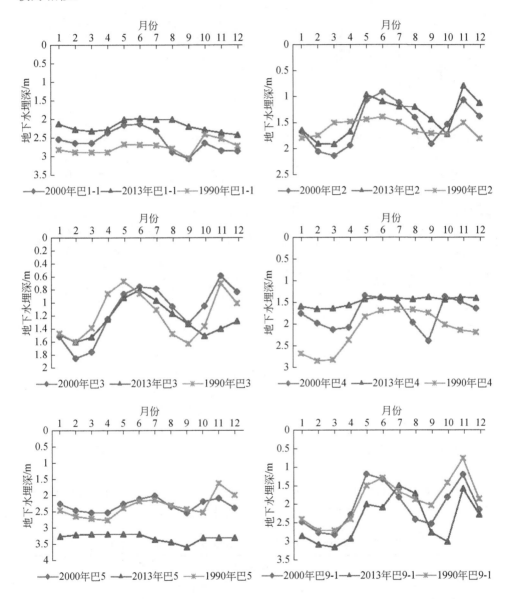

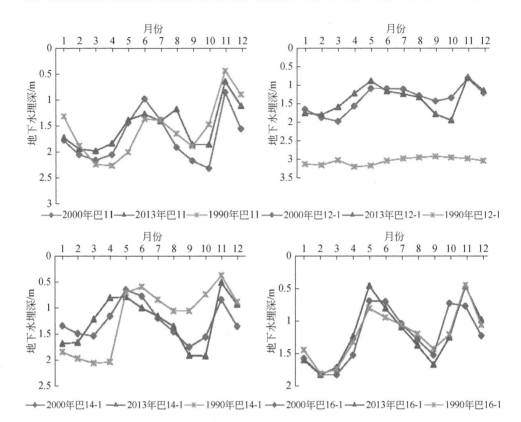

图 7-1　磴口县沙区边缘地下水位埋深月变化

图中 2000 年巴 1-1 表示为 2000 年观测井号为巴 1-1 的数据，其他类同

尽管不同频率下监测点地下水位埋深季节性变化波动较大，但是通过表 7-1 可以看出，不同引水保证率下各监测点年均地下水位埋深变幅总体上为 0~0.5m，变幅较小。巴 5、巴 12-1 监测点附近由于大量开发利用地下水灌溉导致地下水水位变幅较大，其中巴 12-1 变幅最大为 1.67m。从选取的 10 个监测点不同引黄水频率间（25%~75%）地下水位埋深平均变化可以看出，其变幅为 0.04~0.19m。就区域而言，随着引黄水的减少地下水位虽处于下降趋势，但年均降幅较小。

表 7-1　不同引黄水频率下沙区边缘地下水位埋深年均变化

地下水位监测井	不同供水保证率间地下水位埋深变化/m		
	25%~50%	50%~75%	25%~75%
巴 1-1	0.40	−0.56	−0.16
巴 2	0.13	−0.21	−0.09

地下水位监测井	不同供水保证率间地下水位埋深变化/m		
	25%~50%	50%~75%	25%~75%
巴 3	-0.14	0.09	-0.04
巴 4	0.27	-0.66	-0.39
巴 5	-0.98	0.95	-0.04
巴 9-1	-0.35	0.53	0.18
巴 11	0.24	-0.06	0.19
巴 12-1	-0.02	-1.65	-1.67
巴 14-1	0.01	0.07	0.08
巴 16-1	0.02	0.00	0.02
平均	-0.04	-0.15	-0.19

注：负号表示地下水位下降。

7.2.2　区域地下水水位的变化趋势

区域大面积节水后，引黄水量的减少有可能影响地下水对淖尔的补给。根据杨金忠等近期研究成果，若不考虑外界大气条件变化，灌区引水量变化 1 亿 m³，非井灌区地下水埋深变化 0.032m，因此按滴灌后节水 1 亿 m³ 计，非井灌区地下水埋深预计下降 0.128m，变化较小。由于淖尔水滴灌面积仅占河套灌区灌溉面积的 1.7%，仅在淖尔周边 500m 范围内发展且分布分散，灌溉期滴灌区周边黄灌区灌水仍会对淖尔形成补给。此外，由于淖尔滴灌区保留了秋浇灌水，秋冬季地下水对淖尔水的侧渗补给也几乎无影响。综合淖尔水滴灌面积比例、分布及其节水量，淖尔周边适宜地区由渠灌改为滴灌后地下水位变化较小，地下水对淖尔水的补给几乎无影响，适度的发展滴灌不会破坏淖尔现有的补排平衡。

7.3　淖尔水面变化对周边植被的影响

7.3.1　NDVI 信息提取

淖尔面积变化选择 Lansat 5 和 Lansat 8 作为数据源，天然植被状况用 NDVI 指数表示。研究中选择 MODIS 16 天最大值合成数据，地面分辨率 250m，合成时间为第 209~225 天；本书提取研究区 2000~2016 年 MODIS 的 NDVI 数据，作为植被生长状况指示数据，典型淖尔地理位置坐标见表 7-2。

表 7-2　典型淖尔地理位置

淖尔	纬度	经度
淖尔 1	40°31′ 30.46″ N	106°31′ 31.86″ E
淖尔 2	40°26′ 30.87″ N	106°48′ 36.18″ E
淖尔 3	40°34′ 20.44″ N	106°49′ 34.72″ E
淖尔 4	40°29′ 9.30″ N	106°51′ 32.04″ E
淖尔 5	40°31′ 48.31″ N	106°40′ 50.86″ E

7.3.2　典型淖尔周边 NDVI 值的变化

本书提取了研究区域 2000～2016 年共 17 年的植被 NDVI 指数，其中，NDVI 最大值 0.34，最小值 0.09，均值为 0.13～0.24，标准差 0.03～0.06，见表 7-3。NDVI 植被指数年际变化表明，淖尔周边 NDVI 值呈现出波动中增加趋势。总体而言，淖尔周边植被逐年变好，详见图 7-2。

表 7-3　淖尔周边 NDVI 变化统计

淖尔	N	最小值	最大值	平均值	标准差
淖尔 1	17	0.11	0.34	0.2406	0.06036
淖尔 2	17	0.12	0.24	0.1731	0.03683
淖尔 3	17	0.09	0.19	0.1346	0.03258
淖尔 4	17	0.12	0.28	0.2167	0.04088
淖尔 5	17	0.09	0.27	0.208	0.05197

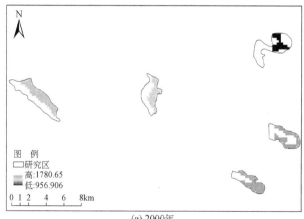

(a) 2000年

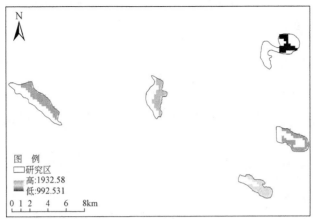

图　例
☐ 研究区
■ 高:1932.58
■ 低:992.531
0 1 2　4　6　8km

(b) 2004年

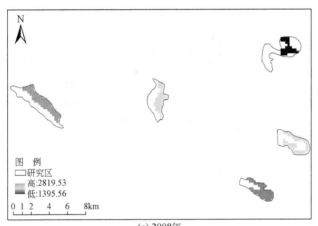

图　例
☐ 研究区
■ 高:2819.53
■ 低:1395.56
0 1 2　4　6　8km

(c) 2008年

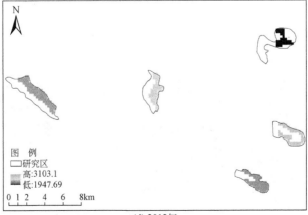

图　例
☐ 研究区
■ 高:3103.1
■ 低:1947.69
0 1 2　4　6　8km

(d) 2012年

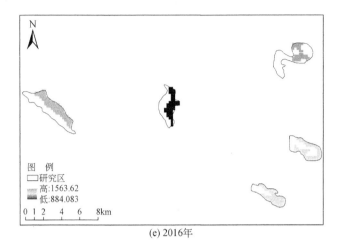

(e) 2016年

图 7-2   2000～2016 年典型淖尔周边植被指数变化图（彩图详见封底二维码）

7.3.3   NDVI 值与淖尔水面及降雨的关系

5 个典型淖尔 2010～2016 年的夏季水面面积变化表明，淖尔面积在 2010 年较小，2010 年之后面积增加。淖尔 1 的面积变化较为剧烈，2012 年面积达到最大随后急剧减小。淖尔 2 和淖尔 3 在 2011 年后保持基本稳定，且淖尔 3 有稳定增加趋势；淖尔 4 和淖尔 5 在 2011 年后表现为较为稳定，详见图 7-3。磴口县 2000～2016 年平均降水量为 152mm，其中 7 年超过多年平均水平，其他年份均低于平均水平，降水趋势不明显。将淖尔水面与年降水量进行相关性分析，结果表明，两者相关系数仅为 0.2～0.6，相关关系不显著，详见表 7-4。

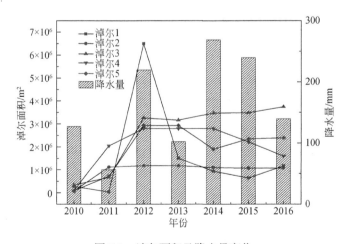

图 7-3   淖尔面积及降水量变化

表 7-4 淖尔面积与降水量相关性

	淖尔 1	淖尔 2	淖尔 3	淖尔 4	淖尔 5	降水量
淖尔 1	1	0.327	0.378	0.438	0.583	0.346
淖尔 2	0.327	1	0.671	0.914**	0.752	0.179
淖尔 3	0.378	0.671	1	0.667	0.906**	0.622
淖尔 4	0.438	0.914**	0.667	1	0.766*	0.367
淖尔 5	0.583	0.752	0.906**	0.766*	1	0.403
降水量	0.346	0.179	0.622	0.367	0.403	1

*为显著相关，**为极显著相关，下同。

　　研究区多年的植被指数总体呈现增加趋势，但 2016 年有所降低，见图 7-4。为了说明降水与植被指数的关系，将年降水量和雨季（6～9 月）降水与淖尔的 NDVI 指数进行相关分析。结果表明，年降水量和雨季降水量与淖尔周边的 NDVI 植被指数相关性不显著（$r = 0.3 \sim 0.4$）；而几个淖尔之间的植被指数变化存在显著相关（$r = 0.7$）。由此可见，淖尔周边的植被指数与降水量相关性不显著，详见表 7-5。

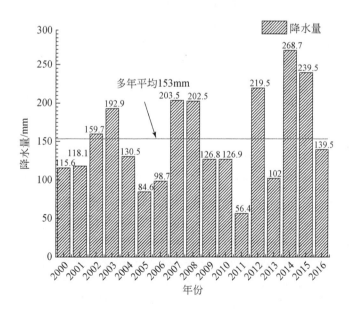

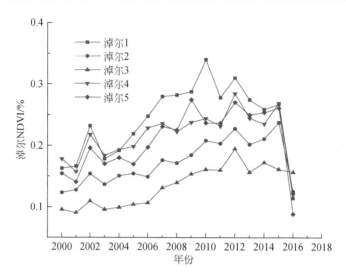

图 7-4　2000～2016 年植被 NDVI 指数与降水量分布

表 7-5　淖尔植被指数与降水量相关性

	淖尔 1	淖尔 2	淖尔 3	淖尔 4	淖尔 5	降水量	雨季
淖尔 1	1	0.830**	0.612**	0.912**	0.909**	0.188	0.111
淖尔 2	0.830**	1	0.823**	0.886**	0.887**	0.392	0.328
淖尔 3	0.612**	0.823**	1	0.593*	0.638**	0.368	0.333
淖尔 4	0.912**	0.886**	0.593*	1	0.950**	0.336	0.282
淖尔 5	0.909**	0.887**	0.638**	0.950**	1	0.344	0.299
降水量	0.188	0.392	0.368	0.336	0.344	1	0.946**
雨季	0.111	0.328	0.333	0.282	0.299	0.946**	1

　　由于各淖尔的面积变化存在显著相关，同时淖尔周围的植被指数本身也存在较好的相关性，因此将淖尔面积和对应植被指数分别作为变量，分析淖尔面积变化与植被指数的相关关系。结果显示，淖尔水面面积与植被指数之间相关性不显著（$r = 0.01$），说明淖尔水面面积变化未对周边的植被产生重大影响。由于黄灌区淖尔面积变化受降水影响较小，而淖尔本身面积变化对周围植被影响不显著，且该区域虽然属于干旱区，同时也是黄灌区，植被盖度受降水影响也不显著。根据高鸿永等（2008）、赵晓瑜（2014）等前人的研究成果，该区植被变化主要与区域地下水水位有关。综上所述，区域淖尔水面变化对周边植被变化并无显著的直接影响。

7.4　淖尔水面变化对周边盐碱地的影响

7.4.1　土壤盐碱化信息提取

盐碱地在标准假彩色合成的遥感影像上呈现白色（图 7-5，彩图详见封底二维码），并且在蓝色波段和红色波段上跟其他地物有着明显的差异，根据这个特点，研究者们开发了一种定量分析盐碱地的指数，即盐分指数。本书直接采用了盐分指数法，进行了盐碱地定量提取工作。

$$SI = \sqrt{b_1 \times b_2}$$

式中，SI 为盐分指数；b_1、b_2 为蓝波段和红波段。

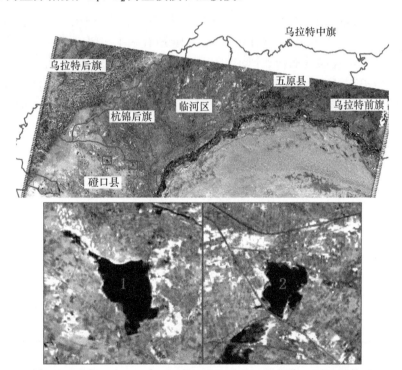

图 7-5　研究区标准假彩色遥感影像（彩图详见封底二维码）

7.4.2　淖尔水面变化与盐碱地面积变化的关系

通过盐分指数和水体指数计算，分别获取了研究区内的盐碱地面积和淖尔水体面积（表 7-6、表 7-7）。4 个研究区的水体和盐碱地面积相关分析表明，相关系数分别是-0.049、-0.615、-0.155 和-0.387。研究区 1 和研究区 3 的相关系数的绝对值小于 0.3，盐碱地面积和淖尔水面面积呈不相关，研究区 4 的相关系数的绝对值在 0.3～0.5，呈现低度相关，只有研究区 2 的相关系数在 0.5～0.8，从数理统计的角度呈现中度相关，但从遥感数据来看，研究区 2 的水面面积波动较小（1.09～1.56km²），而盐碱地面积的波动较大（0.19～2.19km²），两个因素之间没有太大的影响关系（图 7-6）。研究表明，河套灌区土壤盐碱化程度与地下水关系紧密，本书中淖尔水面与周边盐碱地面积并未表现出明显的相关关系，说明淖尔水滴灌后蓄水量变化（保持在最大安全蓄水量与最小安全蓄水量之间）不会加剧周边土壤盐渍化。

表 7-6　研究区 2000～2016 年盐碱地面积　　（单位：km²）

编号	2000 年	2001 年	2004 年	2005 年	2008 年	2010 年	2011 年	2014 年	2016 年
1	1.55	2.01	0.95	0.77	0.45	0.19	0.97	0.82	2.29
2	1.36	1.97	0.45	0.84	0.19	0.24	0.90	1.12	2.19
3	0.34	1.06	0.04	0.53	0.04	0.05	0.09	0.63	0.39
4	0.61	0.40	0.05	0.73	0.05	0.02	0.30	0.97	0.81

表 7-7　研究区 2000～2016 年水体面积　　（单位：km²）

编号	2000 年	2001 年	2004 年	2005 年	2008 年	2010 年	2011 年	2014 年	2016 年
1	2.19	2.33	1.90	1.91	2.49	2.13	2.01	1.86	1.93
2	1.13	1.09	1.33	1.42	1.56	1.36	1.29	1.34	1.35
3	1.19	1.40	1.56	1.28	2.13	2.20	2.08	2.21	4.16
4	0.23	0.26	0.32	0.49	0.44	0.91	0.41	0.39	0.34

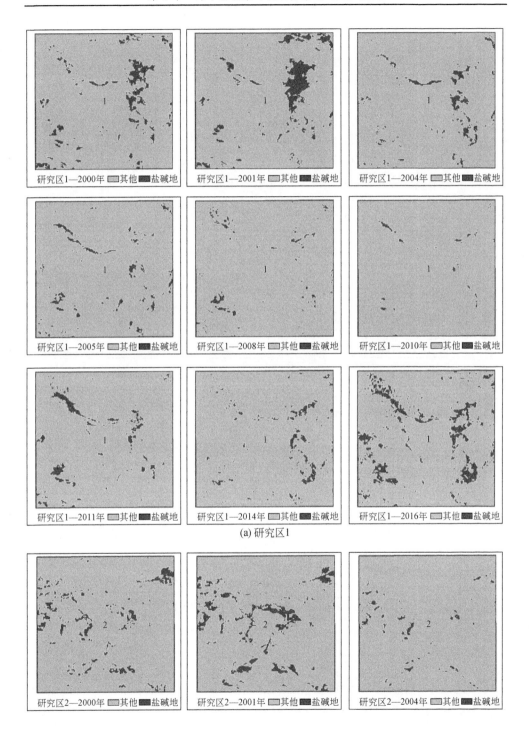

研究区1—2000年 □其他■盐碱地   研究区1—2001年 □其他■盐碱地   研究区1—2004年 □其他■盐碱地

研究区1—2005年 □其他■盐碱地   研究区1—2008年 □其他■盐碱地   研究区1—2010年 □其他■盐碱地

研究区1—2011年 □其他■盐碱地   研究区1—2014年 □其他■盐碱地   研究区1—2016年 □其他■盐碱地

(a) 研究区1

研究区2—2000年 □其他■盐碱地   研究区2—2001年 □其他■盐碱地   研究区2—2004年 □其他■盐碱地

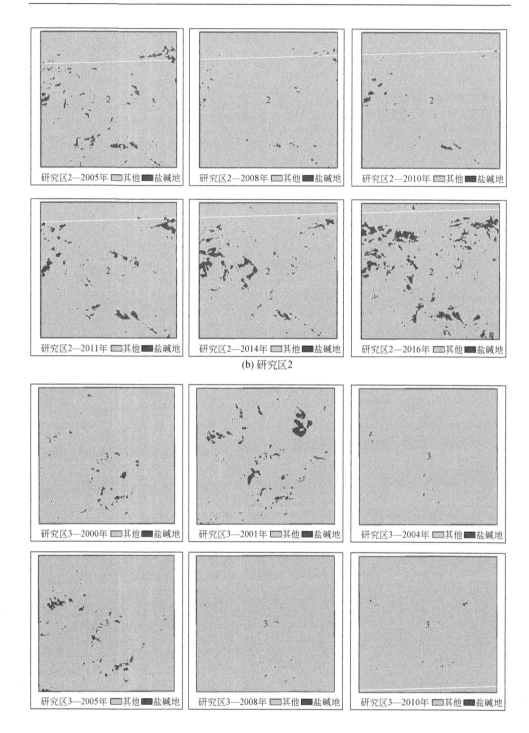

(b) 研究区2

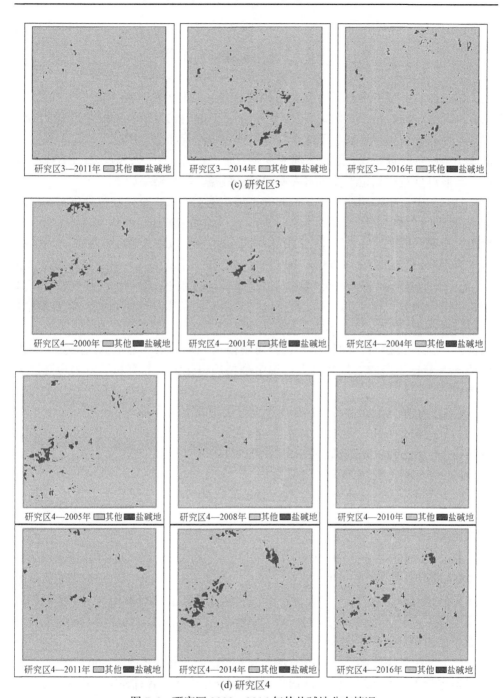

(c) 研究区3

(d) 研究区4

图 7-6　研究区 2000～2016 年的盐碱地分布情况

7.5 淖尔水滴灌经济效益

建立淖尔水滴灌示范区 3 处，分别为磴口县三海子示范区（50 亩）、五原县宏胜示范区（200 亩）和磴口县王爷地示范区（800 亩），示范面积共计 1050 亩。三处示范区分别代表了农户个体经营、种植大户经营和公司规模化经营 3 种淖尔滴灌工程经营管理模式。通过节约成本（节地、节肥、省工）、增产增收等指标与引黄渠灌进行对比确定了淖尔水滴灌的经济效益，具体结果如下。

（1）与引黄渠灌相比：淖尔水滴灌工程实施后，农户个体经营示范区（三海子示范区）作物年亩均投资成本为 897 元/亩，作物新增亩生产成本为 170 元/亩；种植大户经营示范区（宏胜示范区）作物年亩均投资成本为 878 元/亩，节省生产成本为 37 元/亩；公司规模化经营示范区（王爷地示范区）作物投资成本为 861 元/亩，节省生产成本为 39 元/亩。与农户个体经营相比，种植大户经营和公司规模化经营管理方式避免了不同农户不同需求带来的矛盾，可使淖尔水滴灌工程统一设计、统一管理、统一实施，使工程设计及管理得到优化，且灌溉面积增加后降低了工程亩投资。面积较大、公司规模化经营的王爷地示范区降低亩均投资成本、节省生产成本优势更大，说明公司规模化经营更有利于淖尔水滴灌工程的发展。

（2）与引黄渠灌相比：淖尔水滴灌工程实施后土地节约率为 5.7%、节肥 20% 以上、节药 15% 以上、亩均省工 2 人。根据淖尔水滴灌发展潜力分析结果，若灌区实施 14.46 万亩淖尔水滴灌后，可节肥约 116t/年、省工效益为 3470 万元/年。有效降低了农药、肥料等利用量及成本。

（3）与引黄渠灌相比：淖尔水滴灌工程实施后向日葵成品率由 62% 提高到 80%，提高了 18%，且作物百粒重、单株产量均有很大提高。引黄渠灌条件下向日葵、玉米、西瓜、小麦和紫花苜蓿平均单位面积产量分别为 217kg/亩、800kg/亩、3300kg/亩、500kg/亩和 795kg/亩，实施淖尔水滴灌后平均单位面价产量分别为 255kg/亩、937kg/亩、3925kg/亩、548kg/亩和 904kg/亩，淖尔水滴灌较引黄渠灌产量分别提高了 17%、13%、19%、10% 和 14%。淖尔水滴灌与引黄渠灌相比灌溉水分生产率平均提高 52.09%。说明采用淖尔水滴灌技术的应用不仅实现作物增质增产，而且提高了灌溉水分生产率。

（4）与引黄渠灌相比：实施淖尔水滴灌后，向日葵新增收入 500～650 元/亩；玉米新增收入 790 元/亩；西瓜新增收入 738～795 元/亩；各种作物平均收入 527～612 元/亩，以整个引黄水灌区发展淖尔滴灌面积 14.46 万亩计算，年新增总收入约为 7620 万～8849 万元。

（5）整个河套灌区可发展淖尔水滴灌面积 14.46 万亩，若全部实施滴灌后，可节省引黄灌溉水量为 5235 万 m^3/年，若以水权转让的方式用于工业用水，按工业平均用水价格 3 元/m^3 测算，节水经济效益为 1.57 亿元。

（6）传统的渠道灌溉系统变为自动化程度较高的滴灌系统，大幅提高了沿黄灌区的农业生产水平。此外，淖尔水滴灌将先进成熟的水肥一体化技术、农艺生产技术、农机配套技术等进行集成，将传统农业向现代农业转变，增加农民收入，为经济、社会可持续发展提供了保障，且为我国粮食安全生产提供了有力的技术支撑。

有效缓解工农业用水矛盾，通过水权转让的方式合理配置水资源，在保持用水总量不变的前提下，兼顾农业及工业的发展，有效提高经济总量。

（7）淖尔水滴灌大大降低了肥料的施用量，减少了肥料在土壤中的残留量，减轻对作物及土壤的污染。其次，极大降低肥料的入渗，减少对地下水的污染，从而减少对环境的破坏，而且将淖尔水进行利用后，增加了淖尔水循环更新速度改变水质状况，维护生态环境的良性发展，对推动可持续发展的绿色农业有重要意义。

第8章　河套灌区淖尔水滴灌关键技术

8.1　淖尔水滴灌关键技术

（1）根据成因河套灌区淖尔分为风成淖尔与河成淖尔。风成淖尔多分布于灌区上游的乌兰布和沙漠中，众多风蚀洼地蓄水后形成淖尔，底部和侧部多为黏土隔水层，通过地表粉沙土透水层可不断承接地下水侧渗补给，蓄水条件良好。河成淖尔主要分布于河套灌区中下游地带，由于黄河多次改道形成许多古河道、废弃河床牛轭湖、碟形洼地承接灌溉退水和受地下水补给后形成淖尔。

根据遥感解译，2010～2016 年磴口县淖尔（夏季单个面积大于 50 亩）面积最大，平均 88.96km^2；五原县第二，为 13.54km^2；临河区第三，为 12.12km^2；其后依次为杭锦后旗 9.52km^2，乌拉特前旗 3.95km^2（不含乌梁素海），乌拉特中旗 2.91km^2（不含牧羊海）。2010～2016 年夏季单个面积大于 50 亩的淖尔数量在 321～494 个，水面总面积在 94.22～190.13km^2。淖尔水量、面积变化剧烈变幅较大。对于多数河成淖尔，其本质就是地下水在地表的出露，由于排泄补给途径和数量的变化等造成其位置、数量、面积变化剧烈。根据滴灌对水源保证率的要求，能够持续蓄水、年际及季节面积变化小（夏季与春季变化小于 20%）、靠近支渠及以上渠到附近、周边耕地充足且水面面积大于 50 亩（3.33hm^2）的淖尔具备开发利用潜力。

根据遥感解译，河套灌区滴灌淖尔共 98 个，磴口县 50 个、五原 25 个、杭锦后旗 11 个、乌拉特前旗 6 个、临河 4 个、乌拉特中旗 2 个。2008～2016 年春季（3 月）滴灌淖尔面积为 86.45～125.45km^2；夏季（8 月）面积为 71.79～115.81km^2，水面总体呈现波动上升趋势。根据淖尔水面及水深的关系，估算出 2008～2016 年春季（3 月）河套灌区滴灌淖尔蓄水量 12117 万～26465 万 m^3，夏季（8 月）7342 万～27643 万 m^3，其中磴口县占 70%～83%，五原县占 7%～15%。滴灌淖尔的数量、面积、蓄水能力、补给排泄条件等综合条件表明，磴口县、五原县是河套灌区发展淖尔水滴灌潜力最大的区域。

（2）滴灌淖尔现状排泄途径为蒸发、渗漏，2008～2016 年水面蒸发损失量为 7752 万～10793 万 m^3，蒸发损失占淖尔排泄总量的 85%～94%，灌水关键期（4～

8 月)蒸发占全年蒸发的 60%~71%,其他时期(9 月至次年 3 月)占 29%~40%。渗漏损失量 593 万~1465 万 m³,渗漏损失占淖尔排泄总量的 6%~15%。水面蒸发是淖尔水损失的主要途径且占主导地位,淖尔水滴灌时应尽可能缩小水面面积,降低无效蒸发损失。

　　滴灌淖尔天然补水途径为降水、径流、地下水侧渗。根据水量平衡计算,2008~2016 年滴灌淖尔的降水补给量 602 万~2943 万 m³,占淖尔补给总量的 7%~28%,灌溉关键期补给占全年的 60%~88%,非灌溉关键期占 12%~40%。灌区年径流深偏小,径流补给量在 39.6 万~56.2 万 m³,灌溉关键期补给占全年径流补给量的 95%~96%,非灌溉关键期占 4%~5%,占淖尔补给总量的 0.2%~1%,径流是维持淖尔现状水分循环的因素之一,但其补给量偏小,且与水文年及地形关系较为密切,对淖尔水量及面积影响微小。地下水侧渗补给量 5023 万~10032 万 m³,占淖尔补给总量的 45%~95%,灌溉关键期补给占全年的 24%~40%,其他时期占 60%~76%。地下水侧渗补给是淖尔存在的决定性因素,与灌溉引水量关系密切。滴灌淖尔水位与周边地下水位变化规律一致,因此从保持淖尔水分循环和农田洗碱压盐需要来看,利用淖尔水进行滴灌后,仍需保持现有秋浇制度及周边一定比例的引黄灌溉面积。

　　2008~2016 年滴灌淖尔的分凌水补给量分别为 0 万 m³、500 万 m³、2000 万 m³、4200 万 m³、3000 万 m³、0 万 m³、300 万 m³、3000 万 m³、1250 万 m³。仅 2012 年、2013 年分洪,滴灌淖尔分洪水补给量 12120 万 m³、100 万 m³。分洪与水文、气象、上游来水条件密切相关,补给表现一定随机性、不确定性,本能作为淖尔稳定的补给水。分凌水水质较好,主要为春季开河减轻下游防凌压力,具体用途暂无相关规定且不计在引黄灌溉水指标内,可考虑将其作为滴灌淖尔的人工补水源进行利用。

　　水量平衡计算表明,2008~2016 年滴灌淖尔补给总量为 84006 万 m³,排泄损失总量为 78521 万 m³,蓄水量增加了 5487 万 m³。其中 2009 年、2011 年、2013 年、2014 年、2015 年损失水量大于补给水量,2008 年、2010 年、2012 年补给水量大于损失水量。虽然滴灌淖尔补给排泄总体上表现出了一定的相对平衡,但这种平衡是水文、气象、灌溉、分凌(洪)等综合作用的共同结果,而这些影响因素本身就存在一定的随机性(如分洪的不确定性、干旱或暴雨的发生等),因此与传统的井灌和引黄灌溉相比,保证滴灌淖尔补给排泄平衡成为实现其可持续利用的关键。

　　(3)淖尔处于灌区低洼处,主要承接灌区退水和地下水侧渗水,主要表现为水体中全盐量、pH、硬度含量高。根据《农田灌溉水质标准》和《微灌工程技术规范》的水质要求,滴灌淖尔盐分超标率为 20%~40%波动,盐分含量在 527~

6000mg/L,硬度超标率为85%,含量在200～1226mg/L,pH超标率为5%～40%波动,含量为7.33～10.24。其中,盐分在淖尔水超标物中处于主导地位,与pH、硬度具有较高相关性,因此降低盐分含量是滴灌淖尔水质处理的关键。盐分处理一般采用反渗透技术,但处理成本较高,根据淖尔利用人工补水的运行方案,利用分凌水、灌溉水对其进行稀释后再处理成本较低。保证率允许的条件下,引黄灌溉水与分凌水水质较好,以河套灌区发达的灌排渠系为基础,湖河联通工程为依托,对淖尔水进行混配稀释,可有效改善水质状况。近年河套灌区对于湿地建设与改造的经验证明了淖尔水混配稀释技术措施行之有效。

全盐量≤2000mg/L的淖尔占54%,全盐量≤3000mg/L的淖尔占74%,以上淖尔补给水量达到淖尔蓄水量的10%～40%进行混释,混释后全盐量、pH等指标下降明显且低于规范限值,经过滤系统直接用于滴灌。全盐量3000～5000mg/L的淖尔占9%,该类淖尔补给水量达到淖尔蓄水量的40%～60%进行混释,混释后盐分符合微咸水灌溉水质(矿化度为3g/L),根据本书作者团队中有关微咸水的研究成果,混释后可经过滤系统用于滴灌。全盐量>5000mg/L的淖尔补给量达淖尔蓄水量60%以上稀释后,全盐量、pH等指标下降不明显,含量远大于规范限值。水源的补给能力不能满足60%以上的混释需求,如利用该类淖尔需采用药剂法或多介质过滤+JREDR脱盐系统进一步处理后用于滴灌,处理工艺复杂、成本较高,建议该类淖尔不用于发展滴灌。在保障率允许的条件下,加大分凌水、引黄水等补给水源的补给量、补给频率,形成补—用—排循环模式,可使淖尔水体得到有效的置换。

淖尔中的微生物和硬度对灌水器造成堵塞的可能性较高。淖尔细菌数6月最高(1700～150000个/mL),水体中藻类以硅藻、绿藻组成为主,过滤系统采用丝网(50目)+砂石过滤器(滤料粒径0.9mm)+叠片式过滤器(120目)的三级过滤模式,田间采用抗堵型内镶贴片式灌水器。经示范区应用测定,系统运行小于等于65h(可满足葵花、玉米等主要作物灌溉运行时间)灌水器流量降低7.01%,对灌水效果影响不大。

(4)不影响淖尔生态景观功能,对渔业、旅游功能影响较小是淖尔水滴灌的原则,因此保持不同功能的水量控制尤为关键。芦苇生长、渔业生产最小水深为0.5m,此时可维持淖尔基本的生态和渔业需水,该蓄水量为生态与渔业安全蓄水量,当淖尔水低于该值时不能灌溉应立即补水;当淖尔蓄水量低于一定数量时,仅能维持现有的生态、渔业、旅游等功能但无法进行灌溉,该蓄水量为正常蓄水量,当淖尔水低于该值时宜停止灌溉或实施非充分灌溉并及时补水;滴灌淖尔蓄水位在现有正常蓄水位上增加1m后,淖尔水位达到周边隔水层上边界,此时淖尔水不会向周边农田回渗造成倒灌,此时蓄水量为最大安全蓄水量,淖尔水量超过该值时应及时排水。当补水充足时，补水后淖尔水量应保持在正常蓄水量与最大安全蓄水量之间，灌溉后对淖尔生态、渔业、旅游等功能不会产生影响。当补水不足时，补水后淖尔水量应保持在生态与渔业安全蓄水量与最大安全蓄水量之间，灌溉后对淖尔生态功能和渔业生产不会造成影响。

黄河凌汛主要在兰州河段、宁夏河段、内蒙古河段及下游河段于冬春季发生，利用其对淖尔进行补给可缓解凌汛灾害并有效利用水资源。根据调查及公开资料显示，河套灌区年平均分凌量（1.4 亿 m³）占黄河 3 月平均径流量（14.29 亿 m³）的 10%。修建了总干渠取水口、沈乌干渠取水口、奈伦湖取水口。巴彦高勒水文站 3 月黄河（1952～2015 年）长系列径流分析，保证率（P）=85%时 3 月多年平均径流量为 11.63 亿 m³，按照 10%计算每年可引分凌水 1.16 亿 m³，能够满足滴灌淖尔每年 7758 万 m³ 的最大补给需求。随着湖河联通工程的全面实施，从补水量、补水时间上看，分凌水不占用引黄灌溉指标，是滴灌淖尔人工补水的最佳途径。

黄灌区渠系发达，引水流量与时间相对稳定。2000～2013 年河套灌区年均引水 45 亿 m³，多开始于 4 月到 10 月末结束，5 月、6 月多年引黄水量均为 5.42 亿 m³。根据分凌补给水量情况，综合蒸发渗漏损失及节省黄灌水量的约束条件，黄灌水补给次数为 1 年 1～2 次最优，补水时间在每年灌水关键期的 5 月、6 月，补给量为 2235 万 m³（5 月）、1709 万 m³（6 月），分别占当月引黄灌溉水量的 4.1%、3.1%，从补水量、补水时间来看，利用引黄灌溉水进行补给保证率最高。

当分凌水量不足时，以分凌水与引黄灌溉水对淖尔进行联合补给。分凌水补给为每年的 3 月中下旬补给 1 次；引黄灌溉水补水每年 1～2 次有一定的节水潜力，补水时间在每年的 5 月、6 月蒸发渗漏等损失最小。以生态与渔业安全蓄水量为下限，最大安全蓄水量为上限进行补水，分凌水补水量为 1802 万 m³（1 年 1 次），黄灌水补水量为 2235 万 m³（5 月 1 次），会对旅游、景观等产生轻微影响，分凌补水量极小，节水潜力较大；以正常蓄水量为下限，最大安全蓄水量为上限进行补水，分凌水补水量为 3691 万～5453 万 m³（1 年 1 次），黄灌水补水量为 2235 万～3944 万 m³（1 年补给 1～2 次，5 月补给 2235 万 m³、6 月补给 1709 万 m³），节省引黄灌溉水量 1291 万～3000 万 m³，对生态、渔业、景观、旅游等功能无影响，分凌补水量较小，节水潜力较小。

考虑淖尔的补给平衡和滴灌运行管理经济性确定淖尔水滴灌适宜发展总面积 14.46 万亩（9640hm²），磴口县淖尔水滴灌面积 8.3 万亩，占全灌区的 57%，分布在磴口县政府所在地西北部的沙金苏木内。五原县淖尔水滴灌面积 3.1 万亩，占全灌区的 21%，主要分布在塔尔湖镇。

按照淖尔调蓄能力与方式、作物灌溉制度、周边耕地状况确定滴灌发展规模。内蒙古河套灌区淖尔水滴灌适宜发展面积共计 14.46 万亩。根据《巴彦淖尔市水利统计资料汇编 2006～2010 年》、各灌域年引水量及各灌域灌溉水利用系数，得到河套灌区作物生育期综合毛灌溉定额（不含秋浇）362m³/亩，则 14.46 万亩耕地灌溉期年引黄灌溉水量 5235 万 m³。14.46 万亩引黄渠灌改为滴灌后，如全部弃黄并利用分凌水补水入湖进行灌溉，年可节约引黄灌溉水量 5235 万 m³。根据淖尔在不同补水工况下运行方案比较分析，节水潜力与年初分凌水量补给呈现正比，分凌水补给越多，节水潜力越大。

（5）若不考虑外界大气条件变化，河套灌区引水量变化 1 亿 m³，非井灌区地下水埋深变化 0.032m。由于淖尔水滴灌面积仅占河套灌区灌溉面积的 1.7%，面积小且分布分散并保留了秋浇制度，适度的发展滴灌不会破坏淖尔现有的补排平衡。

河套灌区干旱少雨，地下水水位是影响植被和土壤盐碱化变化的主要因素。本书对 2000～2016 年典型淖尔水面、周边 NDVI 指数及盐碱地面积变化进行了遥感解译，淖尔水面与 NDVI 指数、盐碱地面积无显著相关关系。因此，适度的淖尔水滴灌不会影响区域地下水水位变化，淖尔水滴灌后其水面变化不会对周边土壤植被产生重大影响。

（6）与引黄渠灌相比，淖尔水滴灌工程实施后向日葵成品率提高 18%，且作物百粒重、单株产量均有很大提高，向日葵、玉米、西瓜、小麦和紫花苜蓿单位面积产量与引黄渠灌相比，分别提高了 17%、13%、15%、10% 和 14%，淖尔水滴灌工程实施后土地节约率为 5.7%、节肥 20% 以上、节药 15% 以上、亩均省工 2人。若灌区实施 14.46 万亩淖尔水滴灌后，可节肥约 116t/年、省工效益为 3740万元/年。随着近年来国家政策、市场导向的变化，传统主要作物（玉米、向日葵）已不能满足淖尔滴灌规模化发展及效益的发挥，应压缩传统主要作物种植面积，发展粮—经—饲三元种植结构，发展一年两茬粮经作物种植模式（小麦复种西兰花等），并结合公司规模化经营优势，更有助于淖尔水滴灌的发展和效益发挥。年新增总收入为 7627 万～8860 万元，每亩地农民人均纯收入增加 847～984 元/年，提高了农民收入，经济效益显著。可节省引黄灌溉水量为 5235 万 m³/年，若以水权转让的方式用于工业用水，按工业平均用水价格 3 元/m³ 测算，河套灌区实施淖尔水滴灌后，节水经济效益为 1.57 亿元，有助于地区经济的发展。

8.2 存在问题及建议

（1）受水文地质条件、气候、行业用水（主要是灌溉用水）、地下水等综合因素共同作用，河套灌区形成了淖尔富集的独特自然景观。淖尔除具有承泄排水和降水的功能，还具有生态、景观、渔业、旅游等多种功能，淖尔的形成和发展复杂且多变。淖尔水的变化涉及降水、蒸发、渗漏、分洪分凌、地下水侧渗等多个水文循环过程，淖尔水资源的开发利用应以不破坏区域生态为前提，以对现有生产生活影响最小为目标，尽量利用淖尔的天然调蓄能力和净化能力进行滴灌。淖尔水补配水方案应根据年初的分凌水量进行调整，分凌水应尽量做到"丰储枯用、春储夏用"，黄灌补水应尽量"随补随用"。分凌水无法保障且其他应急水源水量不足时，应首先调整种植结构，种植节水抗旱作物并采用非充分灌溉制度；仍无法满足滴灌用水要求时，可利用原有引黄渠道，恢复引黄灌溉。黄灌水量较少时，可在淖尔水滴灌区打抗旱井，利用地下水进行灌溉。

（2）与直接引黄灌溉相比，淖尔水滴灌具有无需修建蓄水池（占地补偿费高、蓄水池建设成本高）和无需对高泥沙水过滤（高泥沙水快速过滤成本高）等优势，但也存在蓄水后有渗漏、蒸发损失大等不足，应用时应采取必要的深挖、防渗等工程措施，减少渗漏和无效蒸发。

（3）根据淖尔的形成及河套灌区节水的需要，利用分凌分洪水补水后进行滴灌节水潜力更大。然而，分洪水及分凌水对淖尔的补给受天然来水和黄河总调度的影响，具有很大的不确定性，虽然本书对其补水保证率进行了预测，但在工程实际运行时还应根据年初补水量调整年度运行方案。应建立长效补水机制及预警预案，结合江河湖库水系连通工程的实施，配合区间调水、应急水源井等措施进一步提高淖尔供水保证率。

（4）与渠道灌溉相比，河套灌区利用淖尔水进行滴灌存在资料少、系列短、研究基础差、涉及面多等局限，本书主要从区域尺度对滴灌条件下淖尔水开发利用方式及资源量进行了分析，实际应用时还需根据不同淖尔蓄水能力、水质状况、补给途径、周边耕地分布、淖尔功能等开展进一步分析论证，因地制宜制订可持续利用方案。

参 考 文 献

Martin J,黄玮. 2006. 跨流域水资源管理:中国能从芝加哥区域调水中学到什么. 国外城市规划,
　　21（04）：26-28.

Shaan P,杨永辉,杨艳敏,樊彤. 2007. 雪山工程-水力发电与跨流域调水综合工程. 南水北调
　　与水利科技, 5（02）：97-100.

鲍子云,仝炳伟,徐利岗. 2011. 设施农业滴灌用黄河水安全净化处理技术试验研究. 灌溉排水
　　学报, 30（03）：1-5.

陈雷. 2010. 关于几个重大水利问题的思考——在全国水利规划计划工作会议上的讲话. 中国
　　水利,（4）：1-7.

高鸿永,伍靖伟,段小亮,等. 2008. 地下水位对河套灌区生态环境的影响. 干旱区资源与环境,
　　（04）：134-138.

龚时宏,李久生,李光永. 2012. 喷微灌技术现状及未来发展重点. 中国水利,（02）：66-70.

韩丙芳,田军仓. 2001. 微灌用高含沙水处理技术研究综述. 宁夏农学院学报,（02）：63-69.

韩启彪,冯绍元,曹林来,等. 2015. 滴灌技术与装备进一步发展的思考. 排灌机械工程学报,
　　33（11）：1001-1005.

郝培净. 2016. 河套灌区井渠结合膜下滴灌实施后区域水盐调控. 武汉:武汉大学博士论文.

虎胆·吐马尔白,赵永成,马合木江·艾合买提,等. 2016. 北疆常年膜下滴灌棉田土壤盐分积
　　累特征研究［J］. 灌溉排水学报, 35（01）：1-5.

李金刚,屈忠义,黄永平,等. 2017. 微咸水膜下滴灌不同灌水下限对盐碱地土壤水盐运移及玉
　　米产量的影响. 水土保持学报, 31（01）：217-223.

李原园,黄火键,李宗礼,等. 2014. 河湖水系连通实践经验与发展趋势. 南水北调与水利科技.
　　12（04）：81-85.

李云开,冯吉,宋鹏,等. 2016. 低碳环保型滴灌技术体系构建与研究现状分析. 农业机械学报,
　　47（6）：83-92.

李宗礼,郝秀平,王中根,等. 2011. 河湖水系连通分类体系探讨. 自然资源学报, 11（11）：
　　1976-1982.

刘加海. 2011. 黑龙江省河湖水系连通战略构想. 黑龙江水利科技, 39（06）：1-5.

刘圣金,刘志新. 2008. 吉林省水资源特点及合理配置分析. 水利规划与设计,（05）7-10, 48.

裴承忠,陈爱萍,徐荣强,等. 2016. 巴彦淖尔刘铁海子湿地保护与利用的分析探讨. 内蒙古水
　　利,（02）：11-12.

钱云平,王玲,李万义,等. 1998. 巴彦高勒蒸发实验站水面蒸发研究. 水文,（04）：35-38.

水利部农村水利司,中国灌溉排水发展中心, 2012. 微灌工程技术,郑州:黄河水利出版社.

宋方舟. 2015. “河湖连通”描绘美好景象. 吉林日报. 2015-04-10（002）.

汪敬忠,吴敬禄,曾海鳌,等.2015.内蒙古主要湖泊水资源及其变化分析.干旱区研究,32(1):
　　7-14.

王丹,康跃虎,万书勤.2007.微咸水滴灌条件下不同盐分离子在土壤中的分布特征.农业工程
　　学报,(02):83-87.

王鹏,王瑞萍.2016.内蒙古河套灌区水权转换的研究与实践.海河水利,(05):8-9,13.

王全九,单鱼洋.2015.微咸水灌溉与土壤水盐调控研究进展.农业机械学报,46(12):117-126.

王亚东.2002.河套灌区节水改造工程实施前后区域地下水位变化的分析.节水灌溉,(1):
　　15-17.

许翠平,刘洪禄,张书函,等.2002.微灌系统堵塞的原因与防治措施探讨.中国农村水利水电,
　　(01):40-42.

薛英文,杨开,李白红,等.2007.中水微灌系统生物堵塞特性探讨.中国农村水利水电,(07):
　　36-39.

严黎,吴门伍,李杰.2010.密西西比河的防洪经验及其启示.中国水利,(05)63-66.

杨路华,沈荣开,曹秀玲.2003.内蒙古河套灌区地下水合理利用的方案分析.农业工程学报,
　　(05):56-59.

杨威.2007.基于 FEFLOW 的吉林西部地下水数值模拟研究.长春:吉林大学硕士学位论文.

杨振杰,张新星,彭云,等.2015.微灌系统堵塞原因和抗堵方法探讨.江苏农业科学,(07):
　　440-443.

于健,杨金忠,徐冰,等.2015.内蒙古河套灌区三种水源形式滴灌发展潜力.中国水利,(19):
　　50-53.

于健,杨金忠,徐冰,等.2018.内蒙古沿黄灌区滴灌技术应用需求与发展措施.中国水利,(07):
　　50-54.

余乐时,朱焱,杨金忠.2017.河套灌区井渠结合数值模拟及水资源分析预报.中国农村水利水
　　电,(06):23-31,37.

袁峡.2009.应急输水使塔河下游生态与社会环境明显改善.水利发展研究,(01)63-66.

张国祥,崔永顺.1992.砂粒堵孔试验.喷灌技术,(01):53-55.

张亮.2014.吉林省西部生态经济功能区划研究.长春:吉林大学硕士学位论文.

张明炷,石秀兰.1989.滴头堵塞及其机理的初步试验研究.喷灌技术,(02):2-5,63.

张晓晶,于健,马太玲,等.2016.黄河水滴灌条件下灌水器堵塞试验研究.灌溉排水学报,35
　　(03):7-12.

张钟莉.2016.微咸水滴灌系统灌水器化学堵塞机理及控制方法研究.北京:中国农业大学博士
　　学位论文.

赵和锋,李光永.2004.微灌水质分析与指标判定.节水灌溉,(06):4-7.

赵晓瑜,杨培玲,任树梅,等.2014.内蒙古河套灌区湖泊湿地生态环境需水量研究.灌溉排水

学报，33（2）：126-129.

赵永财，阎玉伟. 2012. 盐碱地膜下滴灌技术种植旱田可行性分析. 东北水利水电，（05）60-61.

郑晓辉，巴特尔·巴克，李宏，等. 2011. 不同灌水方式下干旱区盐碱地土壤水盐运移特征分析. 东北农业大学学报，（05）101-105，154.

朱正全，冯绍元，王娟，等. 2016. 内蒙古河套灌区农业灌溉资源型节水潜力分析. 中国农村水利水电，（09）：77-80.

Bucks D A，F S Nakayama，R G Gillbert. 1979. Trickle irrigation water quality and preventive maintenance. Agricultural Water Management，2（2）：149-162.

Craig A. 1995. Using irrigation water tests to predict and prevent clogging of drip irrigation systems. Rutgers Cooperative Extension，NJAES，Rutgers，The State University of New Jersey.

Pitts D J，Harman D Z，Smajstrla A G，et al. 1990. Causes and prevention of emitter plugging in microirrigation systems. Florida Cooperative Extension Service，University of Florida，Bulletin 258.

Pringle C M. 2003. What is hydrologic connectivity and why is it ecologically important. Hydrological Processes，17（13）：2685-2689.

Vishnu P P，Babel M S. 2011. A framework to assess adaptive capacity of the water resources system in Nepalese river basins. Ecological Indicators，（11）：480-488.

Vugteveen P，Leuven R S E W，Huijbregts M A J，et al. 2006. Redefinition and elaboration of river ecosystem health：Perspective for river management. Hydrobiologia，565：289-308.